LIANYUNGANGSHI SHUIZIYUAN GONGXU FENXI
JI KECHIXU LIYONG GUIHUA YANJIU

连云港市水资源供需分析及可持续利用规划研究

刘沂轩　颜秉龙　王　欢　吴晓东　张海石 / 主编

中国矿业大学出版社
· 徐州 ·

内 容 简 介

本书以连云港市为研究对象，旨在着力解决连云港市新时期水资源开发、利用、配置、节约、保护和治理等重大问题，通过加强水资源科学规划，强化水资源统一管理，提高水资源利用效率，建立节水型社会，以水资源可持续开发利用，保障当地经济社会可持续发展。(1) 在大量实测和调查资料的基础上，分析了连云港市水资源供需状况、水资源开发利用特点、面临形势等，重点分析了连云港市现状用水水平及存在问题，明确研究方向。(2) 通过分析连云港市未来经济社会发展指标，预测未来连云港市用水总量指标，通过多次供需平衡分析，找准水资源供给存在的问题，优化水资源配置，协调水资源与经济社会发展布局。(3) 提出连云港市水资源开发利用和保护的思路和方向，对水资源利用效率、水安全、水生态等方面进行规划，通过工程和非工程措施，提高水资源节约集约利用水平。

图书在版编目(CIP)数据

连云港市水资源供需分析及可持续利用规划研究 / 刘沂轩等主编. — 徐州 : 中国矿业大学出版社, 2022.12

ISBN 978 - 7 - 5646 - 5673 - 7

Ⅰ. ①连… Ⅱ. ①刘… Ⅲ. ①水资源管理—研究—连云港 Ⅳ. ①TV213.4

中国版本图书馆 CIP 数据核字(2022)第 242151 号

书　　名　连云港市水资源供需分析及可持续利用规划研究
主　　编　刘沂轩　颜秉龙　王　欢　吴晓东　张海石
责任编辑　杨　洋
出版发行　中国矿业大学出版社有限责任公司
　　　　　　(江苏省徐州市解放南路　邮编 221008)
营销热线　(0516)83884103　83885105
出版服务　(0516)83995789　83884920
网　　址　http://www.cumtp.com　**E-mail**:cumtpvip@cumtp.com
印　　刷　徐州中矿大印发科技有限公司
开　　本　787 mm×1092 mm　1/16　**印张** 11.5　**字数** 294 千字
版次印次　2022 年 12 月第 1 版　2022 年 12 月第 1 次印刷
定　　价　46.00 元
(图书出现印装质量问题，本社负责调换)

《连云港市水资源供需分析及可持续利用规划研究》编写委员会

主　编　刘沂轩　颜秉龙　王　欢　吴晓东
张海石

副主编　王　震　朱振华　张应奎　张巧丽
周佳华　李丽娜　杨　慧　王德维
王晓欣　程建敏　雷智祥　陶淑芸
周　云　孙传文　刘炜伟　封一波

参　编　王桂林　李海军　武宜壮　彭晓丽
徐浩洁　张翠红　王崇任　王根山
高德应　原瑞轩　李　巍　胡菲菲
谢晓燕　余　鑫　蒋德志　殷怀进
聂其勇　宋　彬　赵士豪　王　波
刘元美　孙茂然　张　曼　张　晨
刘　锦

统　稿　王　欢

前　言

水是生命之源、生产之要、生态之基，是关系人类生存和社会发展的基本物质条件，是一种有限的、不可替代的宝贵资源，也是实现经济社会可持续发展的重要保证。因此，合理开发利用和保护水资源，节约用水，是新世纪人类面临的重要课题之一。

近年来，随着连云港市徐圩新区的快速发展，特别是国家七大石化产业基地之一的连云港石化产业基地的投产，连云港市经济结构产生重大调整，对水资源的需求量将大幅度增加，对供水保证率的要求提高，水资源供需矛盾日益突出，已成为当地社会经济可持续发展的主要制约因素之一。连云港市迫切需要寻求改善地表水环境的措施，增加地表水资源的利用量，最大限度地拦蓄、调蓄和利用当地地表径流和过境水，合理配置和开发利用各类水资源（包括外调水），以解决连云港市水资源短缺等问题。

本次研究旨在着力解决连云港市新时期水资源开发、利用、配置、节约、保护和治理等重大问题，加强水资源科学规划，强化水资源统一管理，提高水资源利用效率，建立节水型社会，以水资源可持续开发利用，保障当地经济社会可持续发展。全书共9章内容：第1章绪论，主要介绍了国内外水资源可持续利用的研究进展，确定连云港市水资源可持续利用研究框架；第2章区域概况，主要介绍了连云港市自然地理、社会经济、水文气象等；第3章水资源调查评价，分析了连云港市水资源、水环境、水生态状况；第4章水资源开发利用评价，重点分析了连云港市水资源开发利用现状、特点、面临形势及存在问题；第5章水资源配置研究，通过分析连云港市未来经济社会发展指标，预测不同规划水平年连云港市用水总量指标，通过多次供需平衡分析，找准连云港市水资源供给存在的问题，优化水资源配置，协调水资源与经济社会发展布局，明确规划方向；第6章节水分析评价，主要评价了连云港市节水水平现状，分析了节水潜力，明确节水措施；第7章水资源可持续利用对策，明确了地表水、地下水、饮用水源地等保护措施，制定了特殊情况下水资源保障方案；第8章水资源规划与管理，制定连云港市未来水资源可持续利用的目标和主要任务，提出水资源开发利用和保护的思路和方向，对水资源利用效率、水安全、水生态等方面进行规划，通过工程措施和非工程措施，提高水资源节约集约利用水平。第9章结语，提出连云港市水资源将得到进一步合理开发利用与保护，水资源开发利用程度、利用效率和管理水平不断提高，同时将提升城镇供水保证率、城乡居民饮水安全、水生态环境安全保障程度，降低特殊干旱情况下的供水风险，改善河库及地下水资源质量，促进当地经济高质量发展。本书结构合理、资料翔实、方法正确、内容全面、成果可靠、结论可信，对水资源管理，水利工程调度、水生态恢复与保护等工作都具有重要的参考价值，可供同行借鉴。

在编制本书过程中得到了连云港市水利局、连云港市水利规划设计研究院有限公司等单位的大力支持，在此表示衷心的感谢。因水平有限，书中缺点和错误在所难免，殷切希望得到同行专家及读者的批评指正。

编写组

2022年8月

目　录

第1章 绪　论

1.1 水资源概述

水是生命之源、生产之要、生态之基，是关系人类生存和社会发展的基本物质条件，是一种有限的、不可替代的宝贵资源，也是实现经济社会可持续发展的重要保证。在我国经济快速增长、各项建设取得巨大成就的同时，我们也付出了巨大的资源和环境代价，经济发展与资源环境的矛盾日趋尖锐。这种状况与经济结构不合理、增长方式粗放直接相关。如若不加快调整经济结构、转变增长方式，资源支撑不住，环境容纳不下，社会承受不起，经济发展将难以为继。只有坚持可持续发展、清洁发展，才能实现经济又好又快发展。因此，合理开发利用和保护水资源，节约用水，是新世纪人类面临的重要课题之一。

1.1.1 水资源概念

"水资源"这一概念由美国地质调查局（USGS）较早采用。1863 年，英国通过了水资源法，将水资源定义为"具有足够数量的可用水源"。在《不列颠百科全书》中，水资源被定义为"全部自然界任何形态的水，包括气态水、液态水和固态水"。1977 年联合国教科文组织（UNESCO）建议"水资源应指可利用或有可能被利用的水源，这个水源应具有足够的数量和可用的质量，并能在某一地点为满足某种用途而可被利用"。《中国大百科全书》水利卷中，水资源被定义为"自然界各种形态（气态、固态或液态）的天然水，并将可供人类利用的水资源作为供评价的水资源"（陈志恺，1992）。

根据世界气象组织（WMO）和联合国教科文组织（UNESCO）的 *International glossary of hydrology*（国际水文学名词术语，第三版，2012 年）中有关水资源的定义，水资源是指可资利用或有可能被利用的水源，这个水源应具有足够的数量和合适的质量，并满足某一地方在一段时间内具体利用的需求。根据全国科学技术名词审定委员会公布的水利科技名词（科学出版社，1997）中有关水资源的定义，水资源是指地球上具有一定数量和可用质量能从自然界获得补充并可资利用的水。

1.1.2 水资源形成

水分循环描述了海洋或陆地上的水在吸收了太阳辐射后，通过蒸发，以淡水的形式上升到空中，并在大气环流作用下输送到全球各地，再以降水的形式回到海洋或地面，补充各地蒸发损失的水分，并将海洋吸收的太阳能释放出来。海水经过蒸发形成水蒸气、云滴，从而保证了陆地上的降水全部由淡水组成。

水分循环过程就是水蒸气随大气环流在全球再分布和传播的过程，在这个过程中实现了全球水分的再分布和水量平衡，并将海洋吸收的太阳辐射输送到陆地，同时实现了热量平衡。正是因为水分循环的存在及其作用，水资源才成为可再生资源，才能被人类及一切生物可持续利用。自然界水分循环的存在，不仅是水资源和水能资源可再生的根本原因，还是地球上生命系统生生不息延续下去的重要原因之一。由于太阳能在地球上分布不均匀，而且还有季节变化，因此由太阳能驱动的水分循环导致了地球上降水量和蒸发量的时空分布不均匀，这就造成了地球上有湿润地区和干旱地区之别、一年有多水季节和少水季节之别、多水年和少水年之别。同时水分循环是地球上发生洪、涝、旱灾害的根本原因，也是地球上具有千姿百态的自然景观的重要条件之一。

水资源的形成可以看成地表水和地下水的形成过程。降雨降落到地面后，一部分由于蒸发作用返回到大气中，一部分通过土壤下渗，一部分可能积蓄在低洼处，当降雨量满足填洼量后开始形成地面径流；下渗到土壤中的水分首先被土壤吸收，当达到田间持水量后，下渗趋于稳定。继续下渗的雨水，一部分从侧面土壤流出，注入河槽形成壤中流，继续下渗的雨水到达地下水面后，形成地下径流。

1.1.3 水资源特征

地球的水量非常丰富，地球表面71%的面积被水覆盖，水的总量估计为 1.39×10^{18} m^3，其中海洋水体约占97.41%，冰帽和冰河水体约占1.984%，地下水约占0.592%，湖泊水体约占0.007%，土壤水体约占0.005%，大气中水蒸气约占0.001%，河流水体约占0.000 1%，生物体中水约占0.000 1%。但这些水体中淡水总量仅为 0.036×10^{18} m^3。除冰川和冰帽外，可利用的淡水总量不到全球总储水量的1%。全球淡水资源不仅短缺而且地区分布极不平衡，按地区分布，巴西、俄罗斯、加拿大、中国、美国、印度尼西亚、印度、孟加拉国、哥伦比亚等10个国家的淡水资源占了世界淡水资源总量的65%。

根据我国水资源综合规划成果，我国多年平均降水量为61 775亿 m^3，折合降水深650 mm。全国水资源总量（地表水资源量和地下水资源量之和扣除二者之间的重复计算水量，不包含台湾地区和香港、澳门特别行政区）为27 718亿 m^3。我国水资源总量居世界第6位，人均水资源占有量为2 114 m^3，为世界平均水平的28%；耕地亩均水资源占有量为1 500 m^3 左右，为世界平均水平的50%左右。另外，中国属于季风气候，水资源时空分布不均匀，南北自然环境差异大，其中北方9省区，人均水资源不到500 m^3，实属水少地区。

1.2 水资源可持续利用

1.2.1 基本概念及内涵

可持续发展（sustainable development）的概念最先是在1972年在斯德哥尔摩举行的联合国人类环境研讨会上提出的。1981年，美国的布朗（Lester R. Brown）在《建设一个可持续发展的社会》一书中，提出以控制人口增长、保护资源基础和开发再生能源的方式来实现可持续发展。1987年，世界环境与发展委员会在《我们共同的未来》报告中将可持续发展定义为："既能满足当代人的需要，又不对后代人满足其需要的能力构成危害的发展。"该报告的作者是挪威首相格罗·哈莱姆·布伦特兰（Gro Harlem Brundtland），其对于可持续发展的定义及思想被广泛接受并引用。1992年联合国环境与发展会议后，我国政府率先组织制定了《中国21世纪议程：中国21世纪人口、环境与发展白皮书》，作为指导我国国民经济和社会发展的指导性文件，开始了我国可持续发展的进程。2003年，为了全面推进可持续发展战略的实施，明确21世纪初我国实施《中国21世纪初可持续发展行动纲要》。

水资源的可持续开发利用是指在满足社会经济发展目标的前提下，水资源与其赋存和利用环境的协调发展。鉴于此，界定水资源可持续开发利用的基本内涵如下：

（1）以流域为空间区域，以区域内社会经济发展目标为指南，对水资源进行合理开发和利用，满足社会经济发展和人民生活水平提高对用水的需求。

（2）水资源的开发利用既要考虑当代人的需求和利益，又必须兼顾下一代人发展的需要。

（3）提高水资源开发利用综合效率，对水环境实施必要的治理和保护。

（4）加强水资源供需管理，运用水价经济杠杆来调节水资源的供需矛盾和进行水资源的配置，实现对水资源消耗的合理补偿。

（5）水资源可持续开发利用的最终目标是达到空间上的公平用水和时间上的永续开发利用。

1.2.2　重要意义

水是人类赖以生存的无可替代的宝贵资源，是社会经济发展的物质基础。经济发展和人类的生活离不开水的供给和保障。但是，目前我国在水资源的利用方面存在诸多问题，主要包括：（1）人均水资源占有量低，时空分布不均匀，利用粗放。目前全国的总供水量，不能满足社会经济发展的需要。与此同时，我国的水资源利用大多数是粗放型，不注重节水，浪费严重。到21世纪中叶，我国人口将接近16亿，社会经济发展要求达到世界发达国家水平，对水的需求将进一步提高，供需矛盾将更为突出。（2）洪涝、干旱灾害频繁。我国洪涝灾害十分频繁，几乎每年都发生，加之水利工程及城市、乡村的防洪标准普遍偏低，灾害损失十分严重。干旱灾害也经常发生，今后随着社会经济的迅速发展，一次灾害的直接损失将不断增大。（3）耕地中有效灌溉面积少，灌溉技术落后，管理粗放，水的利用率较低。（4）我国现有水利工程有相当一部分工程质量不高，设计标准偏低，一些水利工程设施老化失修严重，大中型灌区工程配套设施不齐，致使工程效益衰减，有的工程甚至报废。（5）水污染十分严重，水环境问题突出。

因此，只有确保水资源和水利工程的可持续利用，才能保障国民经济的可持续发展。只有确保水利的可持续发展，才能保障经济、人口、资源、环境的协调发展。水利可持续发展既是我国总体可持续发展的重要组成部分，又是整个国民经济和社会可持续发展的基础和保障。

1.2.3　影响因素

基于水资源可持续开发利用的基本内涵，可以认为水资源可持续开发利用的关键在于实现水资源的合理配置和提高水资源开发利用效率，实现生态环境的保护、治理以及促进人们价值观念转变三者的内在统一。

1.2.3.1 观念

正是水资源分布和使用的广泛性以及商品水的公益产品特点，决定了人们价值观念的转变对水资源可持续开发利用的重要作用。在水资源开发利用过程中人们的价值观念主要包括：

(1) 水资源发展规划观念。水资源发展规划观念是水资源开发利用中最重要、最基础的观念，直接影响水资源开发利用方针、政策和具体规划思路。我国水利建设在不同的发展阶段体现了不同的水资源发展规划观念。中华人民共和国成立初期以建立健全水利工程体系，为国民经济发展提供水资源保障的水资源发展规划观念，形成了集中财政资金和动员全社会力量大力兴建水利工程的水利大发展局面；经济体制改革和国家宏观经济政策导向的变化，水资源发展规划观念由原来的以工程建设为主，向加强水利工程管理和向管理要效益转变，这一观念的转变，对水资源的开发利用产生了深远的影响。

(2) 水资源管理运行观念。这是水利工程建成后，发挥工程经济效益，实现工程规划目标的重要环节。水资源管理运行观念对管理运行目标、水平和手段都具有一定的指导作用。水资源管理运行观念中引入可持续发展理念，对提高管理运行水平，实现工程最大限度地发挥其效益与对水资源进行有效保护的统一，具有十分重要的意义。

(3) 水环境观念。世界各国的经济发展史提供的宝贵经验表明：以牺牲环境为代价换取的经济发展是得不偿失的，未来为治理和恢复环境所必须付出的代价往往大大高于当前获取的利益。可持续发展观要求人们在经济发展过程中重视水环境的保护，把环境代价纳入经济核算的范畴，不断提高人们对水环境保护的自觉性和积极性。

(4) 水资源消费观念。长期以来，水资源的公益产品属性被社会普遍接受，人们错误地把水资源看成取之不尽、用之不竭的廉价产品，而不愿看成要花很大成本才能取得的商品，这种错误的认识导致了水资源消费观念的扭曲，造成水资源的浪费和水污染的加剧，基于水资源可持续开发利用的水资源消费观念，应该把水资源当作一种稀缺的、宝贵的自然资源，实行有偿使用，并厉行节约和保护。

(5) 水利经济观念。我国水利事业长期被纳入社会公益事业，不注重经济效益，不重视经济核算，在市场经济条件下显得很不适应，阻碍了水利地位的提升。只有贯彻水利经济观念，真正把水利当作国民经济的一个产业部门，重视投入产出，加强经济核算，才有利于促进水资源开发利用水平的提高和可持续发展。

1.2.3.2 效率

效率的高低是社会发展水平的重要标志，也是衡量一个行业经营管理水平的最基本的指标。影响水资源开发利用可持续发展的主要效率因素包括：

(1) 水利科技水平，科学技术是最重要的生产力，也是一切效率的基础和根本保证。水利科技水平的高低，关系水资源开发利用的规划水平、管理手段和管理水平、生产经营效益的高低以及其他与水资源开发利用有关的决策的科学合理程度，因此，水利科技水平是水资源开发利用效率因素中最根本的因素。

(2) 水资源供需管理方式。有利于水资源可持续开发利用的水资源管理方式，应该是供给管理与需求管理有机结合、相辅相成的管理方式，使水资源供给部门与用户密切配合，相互支持，争取更大的整体利益，以较小的成本和较少的水资源消耗达到同样的水资源利用效果。

(3) 合理的水资源消费诱导。正确的水资源消费观念必须要有合理的水资源消费诱导,才能发挥其促进水资源可持续开发利用的功效。合理的水资源消费诱导包括优质优价,实行累进水价,鼓励节约用水(对循环水、回用水使用给予优惠和奖励等),供水部门与用户风险共担、效益共享机制等。

(4) 水资源合理配置。水资源作为社会经济不可或缺的物质资料,归根到底是为经济发展和生活水平的提高服务的,同样的水资源如果配置合理,可以产生更大的服务功能和经济效益,资源的合理配置是经济发展的客观要求,也是实现水资源高效利用的重要基础,对提高水资源利用效率和降低水资源浪费和消耗都具有重要的作用。

(5) 水资源系统的现代化。水资源系统的现代化不仅要求信息技术的发展和应用,还要求各类综合水利体系的协调,从而为水资源开发、利用和管理提供一个良好的平台,为科学管理方法和先进管理手段提供高效、便捷的服务基础。水资源系统的现代化既是水利科技水平的一个标志、一种体现和一面窗口,又是水资源开发利用的发展方向和追求目标,是水资源可持续开发利用最直接的效率因素。

1.2.3.3 环境

生态环境的保护是水资源可持续开发利用的重要基础,也是社会经济可持续发展的客观要求。影响水资源可持续开发利用的环境因素包括:

(1) 生态环境保护状况。水资源系统是自然资源系统的重要组成部分,水环境则是生态环境的子系统,生态环境各个子系统之间是相互依存、相互制约、相互促进的关系,使整个生态环境保护状况成为影响水资源开发利用的环境因素之一。只有全社会重视生态环境保护,各子系统有序发展,良性循环,才能保证水环境的良性运行。

(2) 水环境保护法规。为了促进人们尽快树立可持续发展的水资源观,必须采取各种措施制约和引导人们的不自觉行为,健全和完善水环境保护法规,树立惩罚落后、引导先进的水资源保护观念,对水资源可持续开发利用的影响是重大而深远的。

(3) 水环境恢复成本补偿。对水资源的开发利用可能造成对水环境的破坏,但是只要这种破坏是有限的,其结果是可以预期的,通过投入资金进行专项治理,即可使水环境恢复,则这种水资源的开发利用仍是合理有效的。水环境恢复成本补偿必须建立合理的补偿机制,使成本补偿落到实处,才能促进水资源开发利用的可持续发展。

(4) 水资源代际转移费用补偿。当水资源的开发利用超过一定承载能力,影响下一代人对水资源的需求时,必须对水资源开发利用的部门和用户收取水资源代际转移费用。当水资源的消耗量大于水资源的再生量时,也就是说,当代人消耗了本属于下代人的水资源财富,剥夺了下代人与当代人平等使用水资源的权利,必须对下代人的损失进行补偿,才能实现水资源可持续开发利用。

1.2.4 有效方法

按照科学发展观,我们应倡导合理用水、科学管理、综合发展和保持平衡的原则,科学、合理开发和利用水资源,以促进社会的发展和进步。首先,这一发展观应该奉行开源与节流并举的方针。开源是为了满足社会经济发展的需求,节流是为了确保水资源的可持续利用。在开源上应开拓视野,除了大型远距离引调水工程之外还应在开发再生水资源、海水利用、雨水采集等方面采取积极有效、因地制宜的措施,通过这些措施去替代更为宝贵的淡水资源。

在节流方面,应从下面五个方面入手:

(1) 降低农产品、工业产品单位产品耗水量,提高工业用水循环使用率和农业用水灌溉水渠利用率。

(2) 降低供水企业管网水损率。

(3) 采用新技术对生活配套设施进行改造,降低居民生活用水损耗,提高和满足使用效果。

(4) 以价格改革的经济杠杆作用,促进节水意识的提高。

(5) 加大对水资源管理的力度和环境保护力度。

这就要求政府建立一套科学、合理的监管体系,从国家发展战略的高度制订符合发展观的政策,在管理和技术上给予支持,从而在社会上引发一场用水革命。

1.3 连云港市水资源可持续利用研究框架

连云港市是中国首批沿海开放城市、新亚欧大陆桥经济走廊首个节点城市、江苏"一带一路"倡议支点城市、江苏沿海开发战略中心城市、国家创新型试点城市、国家东中西区域合作示范区、中国重点海港城市、上合组织出海基地,也是中国(江苏)自由贸易试验区的组成部分。近年来,随着连云港市徐圩新区的快速发展,特别是国家七大石化产业基地之一的连云港石化产业基地的投产,连云港市经济社会和城市化快速发展,经济结构将产生重大调整,对水资源的需求量将大幅度增加,对供水保证率的要求提高,水资源供需矛盾日益突出,已成为当地社会经济可持续发展的主要制约因素之一。连云港市迫切需要寻求改善地表水环境的措施,增加地表水资源的利用量,最大限度拦蓄、调蓄和利用当地地表径流和过境水,合理配置和开发利用各类水资源(包括外调水),以解决连云港市水资源短缺等问题。

本书研究旨在着力解决连云港市新时期水资源开发、利用、配置、节约、保护和治理等重大问题,加强水资源科学规划,强化水资源统一管理,提高水的利用效率,建立节水型社会,以水资源可持续开发利用,保障当地经济社会可持续发展,促进当地经济社会和环境的协调发展。

1.3.1 指导思想

以习近平新时代中国特色社会主义思想为指导,深入贯彻"节水优先、空间均衡、系统治理、两手发力"治水思路,以水资源可持续利用,保障经济社会可持续发展,实现"以水定城、以水定地、以水定人、以水定产"作为编制规划的主线。按照连云港市自然地理和经济社会发展规律,增加地表水的调蓄空间,提高供用水保证率,确定水资源可持续利用的目标和方向。通过水资源的合理开发、科学调蓄、优化配置、高效利用、全面节约、有效保护和科学管理,促进人口、资源、环境和经济的协调发展。

1.3.2 基本原则

从实际出发,以解决实际问题为出发点,崇尚科学和求真务实的精神,坚持新时期下的治水理念和原则。

(1) 以人为本,绿色发展

坚持以人为本,着力解决人民群众最关心的水安全、水环境问题,大力发展民生水利,努力满足人民群众对饮水安全、粮食安全、生态环境、居住环境等方面的需求。同时坚持人水和谐,尊重自然,以水定需、量水而行、因水制宜,走生态优先、绿色发展之路。

(2) 统筹规划,科学布局

以安全、资源、环境“三位一体”,兼顾流域、区域水资源综合开发利用和国民经济发展,统筹规划,科学布局水资源的开发、利用和保护,适度开源,合理配置,全面节约,妥善处理城市与农村、流域与区域、开发与保护、建设与管理、近期与远期、非工程措施与工程措施等关系。

(3) 量水而行,空间均衡

以水资源水环境承载能力为刚性约束,严格控制用水总量,调整供水用水结构,强化需求管理,统筹水源区与受水区的资源与需求,合理调配水资源,正确处理生活、生产和生态用水关系,以水定城、以水定地、以水定人、以水定产,促进人口经济与水资源水环境承载能力相均衡。

(4) 节水优先,高效利用

坚持并严格落实节水优先的方针,牢固树立节水观念,严格用水管理,提高用水效率,推进水资源节约利用、高效利用、循环利用,将节水贯穿于经济社会发展和群众生产生活全过程。

(5) 强化保护,修复生态

全面保护和重点修复相结合,强化水源涵养区、重要饮用水源地和重要生态环境保护,保障生态环境用水量,以山水林田湖为有机整体,协调好江河湖库、上中下游、干支流关系,保护和改善区域生态服务功能,推进区域绿色循环低碳发展。

(6) 两手发力,依法治水

坚持政府主导和市场机制协同发力,全面深化水利改革,建立健全水利科学发展的体制机制,促进水利事业良性发展。加快完善水法规体系,推进依法治水,强化水行政监督执法,加强水利信息化、科技创新等能力建设,促进区域内水治理、水环境等重大问题研究取得新进展。

1.3.3 研究范围及水平年

1.3.3.1 研究范围

本次规划范围涉及连云港市三县三区(连云区、海州区、赣榆区、东海县、灌云县、灌南县),总面积为 7 615 km^2。连云港市在全国及江苏省水资源统一分区中四级分区划分为沂南区、沂北区和赣榆区。

1.3.3.2 水平年

基准年:2019 年;

近期水平年:2025 年;

中期水平年:2030 年;

远期水平年:2035 年。

1.3.4 总体思路

从水资源合理配置、有效保护、科学管理的角度出发，在科学调查评价水资源及其开发利用状况的基础上，分析节水潜力及水资源与经济社会发展的适宜关系，预测水资源可能的需求与供给，统筹规划水资源的开发、利用、治理、节约、保护、配置，提出全市水资源配置成果，规范水资源开发利用行为，保障水资源的安全供给和可持续利用，为水资源科学管理提供基础和技术平台，为制定水资源领域各专业规划提供指导。

1.3.5 总体目标

围绕连云港市水资源的配置、节约和保护，明确水资源开发利用控制红线，严格执行用水总量控制，建立总量控制与定额管理相结合的用水管理制度；明确用水效率控制红线，提高水资源的利用效率和效益；坚持以水资源优化配置和高效利用为核心，统筹协调节流与开源，不同用水对象的用水需求，以及水资源开发利用与经济社会发展、生态环境保护之间的关系；推进水资源循环利用体系建设和水生态文明建设。到 2035 年，建立与全市经济技术发展水平相适应的节水型社会（政策体系、管理体制和运行机制），支撑经济社会可持续发展。水资源优化配置和高效利用的水资源保障体系全面建成，形成完善的水资源配置网络，节水型社会全面建立，水资源利用效率接近或达到同类地区先进水平，城乡供水安全有效保障，水系畅通、水体清澈、水景优美、水陆和谐为特征的健康生态体系全面建成。

第2章 区域概况

2.1 自然地理

2.1.1 地理位置

连云港市地处我国沿海中部的黄海之滨，位于江苏省东北部，处于横贯我国大陆东西的陇海铁路东端，介于东经118°24′～119°48′、北纬33°59′～35°07′之间，东临黄海，北接山东，南连长江和淮河，与朝鲜、韩国、日本隔海相望，具有海运、陆运相结合的优势。连云港市为全国8大港口和45个重要交通枢纽之一，为海滨旅游城市，也是在江苏省“徐连经济带”和“海上苏东”发展战略中具有特殊地位和作用的中心城市，是江苏省沿海经济带的重要组成部分。连云港市是首批沿海开放城市、新亚欧大陆桥经济走廊首个节点城市、江苏“一带一路”倡议支点城市、江苏沿海开发战略中心城市、长三角区域经济一体化城市、国家创新型试点城市、国家东中西区域合作示范区、中国重点海港城市、上合组织出海基地、中国水晶之都，也是中国（江苏）自由贸易试验区的组成部分。

2.1.2 地形地貌

连云港市地处鲁中南丘陵和淮北平原的结合部位，境内地形地貌复杂多变，山海齐观、河渠纵横、岗岭遍布，平原、大海、高山齐全，河库、丘陵、滩涂、湿地、海岛具备，境内地势由西北向东南倾斜。

连云港市地貌以平原为主，兼有土地、丘陵、岗地等，可基本分为西部岗岭区、中部平原区、东部沿海区和云台山区四个部分：西部低山丘陵岗陵区海拔100～200 m，面积1 730 km^2；中部平原海拔3～5 m，主要是侵蚀堆积平原、河湖相冲积平原及冲海积平原3类，面积5 409 km^2，其中耕地面积3 925 km^2，约占全市土地面积的71.0%；云台山区属于沂蒙山的余脉，有大小山峰214座，其中云台山主峰玉女峰海拔624.4 m，为江苏省最高峰，全市山区面积近200 km^2；东部滨海区海岸类型齐全，大陆标准岸线204.82 km，曲折悠长，其中40.2 km深水基岩海岸为江苏省独有。江苏省境内大多数海洋岛屿分布在连云港市境内，包括东西连岛、平山岛、达山岛、车牛山岛、竹岛、鸽岛、羊山岛、开山岛、秦山岛、牛尾岛、牛背岛、牛角岛等，总面积6.94 km^2。其中东西连岛为江苏省第一大岛，面积7.6 km^2。

2.1.3 水文地质

连云港市地质构造形成于太古代，处于华北古陆（或地台）的南部，吕梁运动使淮阴断裂（灌南县-响水县断裂）以北的地块上升剥蚀，古生代—中生代地层缺失。燕山运动对本市影响较大:淮阴断裂以北开始一度下降,接受白垩系沉积,后又回返上升继续遭受剥蚀,故其白垩系地层大部分被剥蚀掉,仅在局部地段可见其残留体。新近系—第四系本区受喜马拉雅山运动的影响,开始沉陷,接受松散沉积物的沉积和覆盖。

连云港市濒临黄海,既具有滨海平原的水文地质特征,又具有丘陵区的水文地质特征,地下水类型包括松散岩类孔隙水和基岩地下水两类。浅层地下水处于无压或微承压状态,大部分地区地下水矿化度较高。深层水大多数分布于 50 m 以深,地下水具有承压性质,地下水水质较好,矿化度大多数小于 1 g/L。

2.1.4 土壤植被

连云港市属于平原海岸,地势开阔,地形平坦,土壤类型不多。土壤分类单元与地理景观单元基本一致,生态类型的演替、地理景观的变化和土壤类型的发育三者基本一致,除了云台山区的棕壤和赣榆沿海部分地区(主要分布在境内南部海堤向内 10～20 km 范围内)的砂姜黑土类外,其他广阔的平原海岸内,海堤以外潮间带内分布着滨海盐土类,堤内老垦区主要分布着潮土类(包括灰潮土、盐化潮土、棕潮土、盐化棕潮土)。

连云港市地处暖温带向亚热带过渡地带,植被具有南北兼具的特征。其水平分布,南北差异不大,主要森林植被为赤松,南北均有分布,栽培农作物种类基本相同;东西变化明显,东部沿海天然植被大多数为芦苇、盐蒿,栽培作物以水稻、棉花为主,西部低山丘陵地带主要生长松树、灌木等。境内地形高差 500 m 左右,海拔 50～600 m 的山地多分布针叶林,50 m 以下则有针阔混交林。境内农垦历史久远,宜农、宜林的土地大多数已被垦殖。覆盖平原地表的植被为人工栽培作物,栽种的农作物主要有小麦、水稻、棉花、油料、蔬菜等。低山丘陵广植林、果、桑、茶,大多数为人工造林、封山育林后发育的次生植被。

2.1.5 河流水系

连云港市地处淮河流域、沂沭泗水系最下游,境内河网发达,可分为沂河、沭河、滨海诸小河三大水系。两条流域性行洪河道新沂河、新沭河从境内穿过,汛期要承泄上游近 8.0 万 km^2 洪水入海,是著名的"洪水走廊"。全市共有 82 条河道列入江苏省骨干河道名录,其中流域性河道 4 条,区域性骨干河道 18 条,重要跨县河道 16 条,重要县域河道 44 条,有近 20 条河道直接入海;605 条县乡河道,其中县级河道 86 条,乡级河道 519 条,总长度 2 425 km,正常水位下河道蓄水面积约 264.76 km^2。全市大型水库 3 座、中型水库 8 座、小型水库 156 座,总库容达 12.5 亿 m^3。新沂河、新沭河、蔷薇河将全市水系划分为沂南、沂北、沭南、沭北四大片区。

沂南片区:新沂河以南区域,主要为灌南县域。沂南诸河属于灌河水系。灌河西起东三岔,东至燕尾港入海,全长 62.7 km,河口无控制,为天然港口。上游主要支流有盐河以东的武障河、龙沟河、义泽河,盐河以西六塘河水系的南六塘河、北六塘河,柴米河水系的柴米河、沂南河。灌南中游支流主要有一帆河水系的一帆河、唐响河和甸响河。两岸各支河口均建有挡潮闸,排涝蓄淡。

沂北片区:新沂河、蔷薇河之间的区域,包括灌云县全部和连云港市区大部分。片区西部为岗岭水系,东部为善南的平原洼地河网水系和市区的烧香河、大浦河及排淡河水系。西部岗岭地区为古泊善后河的支流水系,主要河道有滂沟河、西护岭河、叮当河等。善南水系实行平原梯级河网化建设，以南北向的叮当河、官沟河为西部，中部、东部梯级水位控制，主要包括车轴河、牛墩界圩河、东门五图河、五灌河等骨干河道构成的平原河网水系。市区主要有烧香河、龙尾河、大浦河和排淡河等骨干河道，小(1)型水库5座，小(2)型水库15座。

沭南片区：新沭河、蔷薇河之间的区域，主要包括东海县和市区部分。龙梁河和石安河两条等高截水沟、磨山河、乌龙河、鲁兰河、淮沭新河、马河、民主河等属蔷薇河水系。除石安河、龙梁河为南北流向外，其余河流大多数由西向东，汇流入临洪河入海。片区内共有水库68座，其中大(Ⅱ)型水库3座，分别为小塔山水库、石梁河水库及安峰山水库，中型水库7座，小型水库58座。多座大中型水库串连成群，形成了集防洪、供水、灌溉等多种功能的水库群。

沭北片区：新沭河以北的区域，主要为赣榆城区。片区内共有主要河流17条，绣针河为省界河流，其他河流自成一体，属滨海诸小河水系，包括龙王河、青口河、朱稽付河、兴庄河等，呈东西方向，独流入海。境内共有水库80座，其中大(Ⅱ)型水库1座，中型水库1座，小型水库78座。

全市主要河流特征见表2-1。

表2-1 连云港市主要河流特征

序号	河道名称	所在水利分区	起讫地点	长度/km	功能	等级
一	流域性骨干河道(4条)					
1	沭河	—	苏鲁界—新沂河(口头)	44.7	防洪、排涝、供水	1
2	新沭河	—	苏鲁界—黄海(三洋港)	53.1	防洪、排涝、供水	1
3	新沂河	—	嶂山闸—黄海(燕尾港)	146.7	防洪、排涝、供水	1
4	通榆河	—	响水引水闸—柘汪工业园	163.0	供水(含调水)、排涝、航运	2
二	区域性骨干河道(18条)					
1	龙梁河	沂北区	大石埠水库—石梁河水库	65.5	防洪、排涝、供水(含调水)	4
2	石安河	沂北区	安峰山水库—石梁河水库	55.8	防洪、排涝、供水(含调水)	4
3	绣针河	沂北区	苏鲁界—黄海	7.6	防洪、供水	4
4	龙王河	沂北区	苏鲁界—黄海	24.3	防洪、排涝	4
5	青口河	沂北区	苏鲁界—黄海(青口河闸)	34.8	防洪、供水、航运	4
6	沭新河	沂北区	新沂河—蔷薇河	75.7	供水(含调水、饮用水源地)、防洪、排涝、航运	3
7	蔷薇河	沂北区	蔷薇河地涵—新沭河	53.4	防洪、供水(含调水、饮用水源地)、防洪、排涝、航运	3
8	古泊善后河	沂北区	沭新河—黄海(善后河闸)	89.9	防洪、排涝、供水(含饮用水源地)、航运	3
9	五灌河	沂北区	东门五图河—灌河(燕尾闸)	16.2	排涝、供水、航运	4
10	柴米河	沂南区	柴米河地涵—北六塘河	61.9	防洪、排涝、航运	3
11	柴南河	沂南区	十字—柴米河(孟兴庄)	44.8	排涝	4

表 2-1(续)

序号	河道名称	所在水利分区	起讫地点	长度/km	功能	等级
12	北六塘河	沂南区	淮沭河(钱集闸)-义泽河	62.5	防洪、排涝、供水(含饮用水源地)、航运	3
13	南六塘河	沂南区	古寨-武障河闸	44.2	排涝、供水、航运	4
14	义泽河	沂南区	盐河(义泽河闸)-灌河(东三岔)	10.9	防洪、排涝	3
15	武障河	沂南区	盐河-灌河(东三岔)	12.4	防洪、排涝、航运	3
16	灌河	沂南区	东三岔-黄海(燕尾港)	62.5	防洪、排涝、航运	3
17	盐河	沂南区	盐河闸-大浦河	151.1	供水(含调水)、航运、排涝	4
18	一帆河	沂南区	徐集-灌河(一帆河闸)	61.4	排涝、供水	4

2.2 社会经济

2.2.1 行政区划分

连云港市现辖海州区、连云区、赣榆区、东海县、灌云县、灌南县 3 区 3 县，共有 8 个乡、52 个镇、30 个街道办事处。2019 年连云港市各行政区乡、镇、街道办事处概况见表 2-2。

表 2-2 2019 年连云港市各行政区乡、镇、街道办事处概况

地区	个数	名称
连云区:街道办事处	8	墟沟、连云、云山、板桥、连岛、海州湾、宿城、高公岛
乡	1	前三岛
海州区:街道办事处	11	朐阳、新海、新浦、海州、幸福路、洪门、宁海、浦西、新东、新南、路南
镇	4	锦屏、新坝、板浦、浦南
赣榆区:镇	15	青口、柘汪、石桥、金山、黑林、厉庄、海头、塔山、赣马、班庄、城头、城西、宋庄、沙河、墩尚
市开发区:街道办事处	3	中云、猴嘴、朝阳
市高新区:街道办事处	3	花果山、南城、郁洲
云台山风景区:街道办事处	1	云台
徐圩新区:街道办事处	1	徐圩
东海县:街道办事处	2	牛山、石榴
乡	6	驼峰、李埝、山左口、石湖、曲阳、张湾
镇	11	白塔埠、黄川、石梁河、青湖、温泉、双店、桃林、洪庄、安峰、房山、平明
灌云县:街道办事处	1	侍庄
镇	12	伊山、杨集、燕尾港、同兴、四队、圩丰、龙苴、下车、图河、东王集、小伊、南岗
灌南县:乡	1	李集
镇	10	新安、堆沟港、田楼、北陈集、张店、三口、孟兴庄、汤沟、百禄、新集

2.2.2 人口情况

2019年末，连云港市人口总量保持稳定增长。户籍人口534.4万人，比上年末增加0.07万人，增长0.01%。年末常住人口451.1万人，其中，城镇常住人口286.89万人，比上年末增加3.95万人，增长1.4%。常住人口城镇化率63.6%，比上年提高1个百分点。

2.2.3 生产总值

2019年，连云港市经济总量持续扩大，实现地区生产总值3 139.29亿元，按可比价格计算，增长6.0%。其中，第一产业增加值362.70亿元，增长3.6%；第二产业增加值1 363.15亿元，增长8.0%；第三产业增加值1 413.44亿元，增长4.7%。人均地区生产总值69 523元，增长6.0%。人均地区生产总值69 523元，增长6.0%，三次产业结构调整为11.6∶43.4∶45.0。

2.2.4 产业结构

2019年，连云港市固定资产投资1 986.39亿元，增长6.8%，增幅居全省第四。其中工业投资完成1 216.21亿元，增长15.0%，增幅居全省第一位。投资结构持续优化，全市第一、二、三产业分别完成投资39.88亿元、1 214.63亿元、731.88亿元，三次产业占比结构为2.0∶61.2∶36.8。高新技术产业完成投资323.02亿元，增长15.3%，增速高于全部投资8.5个百分点；高新技术产业投资占全部投资额的16.3%，较上年提高1.2个百分点。民间投资完成1 240.70亿元，增长15.4%；民间投资占全市投资的62.5%，较上年提高4.7个百分点。

2019年，全市高质量发展步伐加快，一是产业结构优化，三次产业结构调整为11.6∶43.4∶45.0；二是消费是拉动经济增长“三驾马车”中的首要因素，消费贡献率为51.0%；三是创新成效显现，高新技术产业产值占规模以上工业比重达40.5%；四是绿色发展不断深化，全年规模以上工业综合能耗下降1.2%。

农业生产结构进一步调整。2019年，全市实现农林牧渔业总产值656.90亿元，可比价计算增长3.6%。其中，农业产值291.91亿元，增长1.3%；林业产值12.09亿元，增长4.9%；牧业产值105.90亿元，增长8.8%；渔业产值195.88亿元，增长4.3%；农林牧渔服务业产值51.07亿元，增长4.7%。

2.2.5 居民生活

2019年，全体居民人均可支配收入28 094元，增长8.6%，其中农村居民人均可支配收入18 061元，增长8.8%，城镇居民人均可支配收入35 390元，增长8.1%，农村、城镇居民可支配收入增速均高于GDP增速。全年城镇居民人均生活消费支出21 762元，比上年增长6.4%。农村居民人均生活消费支出12 357元，增长7.0%。

2019年，全年城市居民消费价格比上年上涨3.0%。分类别看，食品烟酒类上涨9.9%，衣着类上涨1.3%，居住类上涨1.6%，生活用品及服务类上涨1.3%，教育文化和娱乐类上涨2.9%，医疗保健类持平，其他用品和服务类上涨2.7%；交通和通信类下跌0.2%。食品中，粮食上涨0.8%，食用油上涨3.2%，鲜菜上涨7.9%，畜肉类上涨28.4%，水产品上涨1.3%，蛋类上涨6.9%，鲜瓜果上涨12.0%。全年工业生产者出厂价格下降3.4%，工业生产者购进价格上升0.1%。

2019年连云港市社会经济指标见表2-3。

表2-3　2019年连云港市社会经济指标

行政区名称	常住人口/万人			地区生产总值/亿元				工业增加值/亿元
	城镇	农村	合计	一产	二产	三产	合计	
市区	158.70	52.14	210.84	145.37	848.23	864.45	1 858.05	699.15
连云区(含徐圩新区、开发区)	25.98	1.93	27.91	17.82	422.71	185.74	626.27	405.19
海州区(含高新区、云台景区)	78.11	8.35	86.46	20.45	145.87	442.03	608.35	99.69
赣榆区	54.61	41.86	96.47	107.10	279.65	236.68	623.43	194.27
东海县	52.42	44.42	96.84	78.90	215.75	231.64	526.29	171.48
灌云县	42.33	37.68	80.01	75.10	127.47	156.62	359.19	94.99
灌南县	33.43	29.98	63.41	62.70	171.70	147.25	381.65	133.57
合计	286.88	164.22	451.07	362.07	1 363.15	1 399.96	3 125.18	1 099.19

2.3　水文气象

2.3.1　水文概况

连云港市多年平均年降水量为891.9 mm(1956—2019年)，年最大降水量为1 308.0 mm(2005年)，年最小降水量为588.0 mm(1988年)，最大年降水量与最小年降水量之比为2.2。降水量年内分配不均，主要集中在汛期，多年平均汛期降水量约占全年总降水量的69.5%。降水量空间分布不均，由南向北递减。多年平均水面蒸发量为847.5 mm。多年平均年径流量19.78亿m^3，多年平均径流深度为264.9 mm。

2.3.2　气候概况

连云港市处于暖温带向北亚热带的过渡地带，属于暖温带南缘湿润性季风气候，兼有暖温带和北亚热带气候特征。一年四季分明，气候温和，光照充足，雨量适中，雨热同季。全市年平均气温为13.2～14.0 ℃，无霜期206～223 d。极端最低气温－21 ℃，最高气温为40 ℃(1959年8月20日)，年均日照时数2 450.2 h。年平均风速为3.1 m/s，最大风速为29.3 m/s。因处于海洋与陆地、低纬与高纬、温带与亚热带交界处，全市盛行偏东风，主要风向为东南风，具有春旱多风，秋旱少雨，冬寒干燥的特点，同时，灾害性气象相对较多，主要有旱涝、冰雹、台风、暴雨和低温等。

2.3.3　暴雨洪水

连云港市暴雨成因主要是黄淮气旋、台风、南北切变以及暖切变，大范围、长历时降水大多数由切变线和低涡连接出现造成；范围小、强度大、历时短降水主要由台风造成。降雨量一般自南向北递减，沿海多于内陆，山地多于平原。由于连云港市地处南北气候过渡地带，暴雨兼有南北地区的特性。主要的暴雨特性为雨强大、历时短、突发性强，天气变化剧烈，降水集中，例如1957年、1974年等。但是当江淮雨区偏北时，也可能造成历时长、强度大、时空分布均匀的强降雨，例如1970年、1971年。根据统计资料，1949年以后，连云港市市区最大日降雨量为1985年9月1日连云区的591.1 mm，全市最大日降雨量为2000年8月30日灌南长茂站的812 mm。

连云港市的洪水一般发生在6—9月。连云港市地处淮河流域沂沭泗水系最下游，上游水系有河道坡降大，源短流急，洪水来得快，峰高量大且集中，预报期短等特点。

2.4　水资源分区

按照全国水资源综合规划的统一分区，连云港市属于淮河（一级区）的沂沭泗河区（二级区）的沂沭河区和日赣区（三级区），其中灌南县属于沂沭河区的沂南区（四级区），灌云县、东海县和市区属于沂沭河区的沂北区（四级区），赣榆区属于日赣区的赣榆区（四级区）。连云港市水资源四级区套县级行政区见表2-4。

表2-4　连云港市水资源四级区套县级行政区表

一级区	二级区	三级区	四级区	单元
淮河区	沂沭泗河区	沂沭河区	沂南区	灌南县
			沂北区	东海县、灌云县、市区
		日赣区	赣榆区	赣榆区

第3章　水资源调查评价

3.1　水资源评价

3.1.1　降水量

3.1.1.1　降水量资料的收集

连云港市现有基本降水量站 44 个,考虑资料系列长度及降水量站分布情况,选择具有代表性的 33 个降水量站(1956—2019 年系列)作为此次分析的站点。对所选降水量站的历年降水量资料均进行合理性检查,确保降水量资料的可靠性。

3.1.1.2　降水量时空分布规律

连云港市 1956—2019 年多年平均降水量为 891.9 mm,最大值为 2005 年的 1 308.0 mm,最小值为 1988 年的 588.0 mm,最大年降水量是最小年降水量的 2.2 倍,说明连云港市年际降水量变化较大。行政区中多年平均降水量最高的是灌南县(919.8 mm),最低的是东海县(869.6 mm)。

全市年降水量平均值、特征值见表 3-1,多年平均降水量等值线图如图 3-1 所示。

表 3-1　连云港市 1956—2019 年降水量平均值、特征值

分区		平均值/mm	最大值/mm	出现年份	最小值/mm	出现年份	比值
水资源分区	沂南区	919.8	1 520.9	2000 年	610.3	2011 年	2.5
	沂北区	888.9	1 353.8	2005 年	576.6	1978 年	2.3
	赣榆区	883.2	1 377.8	1974 年	520.9	1988 年	2.6
行政分区	灌南县	919.8	1 520.9	2000 年	610.3	2011 年	2.5
	灌云县	906.5	1 539.2	2005 年	612.8	1978 年	2.5
	东海县	869.9	1 294.3	1960 年	576.2	1978 年	2.2
	连云区	896.7	1 342.8	2005 年	539.9	1978 年	2.5
	海州区	896.7	1 342.8	2005 年	539.9	1978 年	2.5
	赣榆区	883.2	1 377.8	1974 年	520.9	1988 年	2.6
全市		891.9	1 308.0	2005 年	588.0	1988 年	2.2

连云港市多年平均降水量年内分配极不均匀,年内最大月降水量占全年降水量的 26.8%,最小月降水量仅占年降水量的 1.8%。6—8 月内降水量却占全年的 59.0%,汛期(6—9 月)降水量占全年的 69.5%。连云港市多年平均降水量月分配比例见表 3-2、图 3-2。

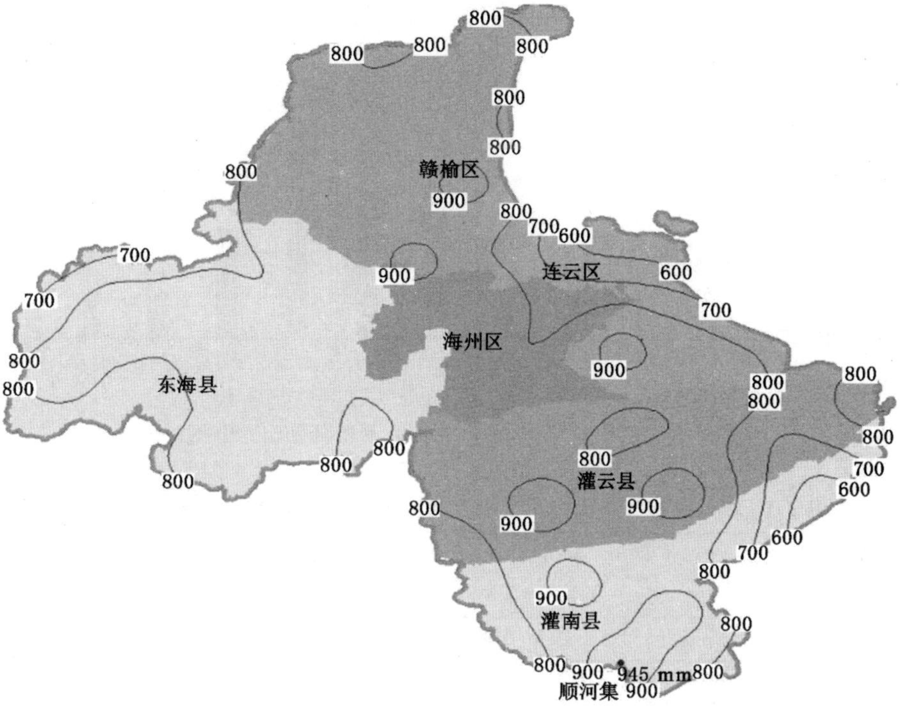

图 3-1　连云港市多年平均降水量等值线图(单位:mm)

表 3-2　连云港市各分区多年平均降水量月分配比例

分区		1月	2月	3月	4月	5月	6月	7月	8月	9月	10月	11月	12月
水资源分区	沂南区	2.3	2.8	4.0	5.6	7.0	11.7	25.2	20.1	10.9	4.3	4.1	2.0
	沂北区	2.0	2.6	3.6	5.6	7.2	11.8	26.9	20.1	10.5	4.2	3.7	1.8
	赣榆区	1.7	2.2	3.1	5.4	7.3	11.8	27.8	21.5	10.1	4.1	3.3	1.7
行政分区	灌南县	2.3	2.8	4.0	5.6	7.0	11.7	25.2	20.1	10.9	4.3	4.1	2.0
	灌云县	2.1	2.7	3.8	5.6	6.9	11.6	26.2	20.0	10.9	4.4	3.9	1.9
	东海县	1.9	2.5	3.6	5.7	7.5	11.9	27.2	20.0	10.2	4.1	3.6	1.8
	赣榆区	1.7	2.2	3.1	5.4	7.3	11.8	27.8	21.5	10.1	4.1	3.3	1.7
	连云区	1.9	2.5	3.5	5.5	7.0	12.0	27.1	20.3	10.4	4.2	3.8	1.8
	海州区	1.9	2.5	3.5	5.5	7.0	12.0	27.1	20.3	10.4	4.2	3.8	1.8
全市		2.0	2.5	3.6	5.6	7.2	11.8	26.8	20.4	10.5	4.2	3.7	1.8

3.1.1.3　降水量趋势分析

以 1956—2019 年降水量系列为基准,连云港市 21 世纪前 10 年平均降水量最多,其次是 20 世纪 70 年代,再者是 20 世纪 60 年代和 50 年代,均比基准系列大;21 世纪 10 年代平均降水量最小,其次是 20 世纪 80 年代,再者是 20 世纪 90 年代,均比基准系列小。降水量总体呈现先增后减再增再减的趋势。连云港市各水资源分区与全市情况一致,只是各年代降水量平均值占基准系列降水量平均值的比例有所不同。

连云港市各年代降水量平均值与 1956—2019 年降水量平均值对比见表 3-3、图 3-3。

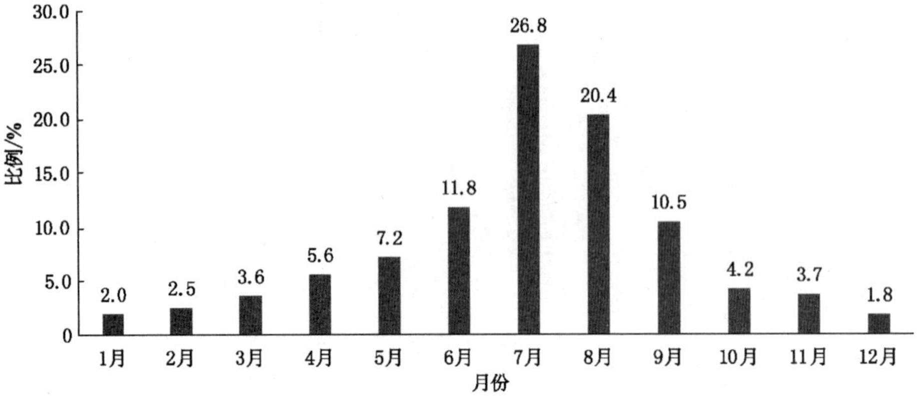

图 3-2 连云港市多年平均降水量月分配比例图

表 3-3 连云港市各年代降水量平均值与 1956—2019 年降水量平均值对比

分区		项目	1956—1959年	1960—1969年	1970—1979年	1980—1989年	1990—1999年	2000—2009年	2010—2019年
水资源分区	沂南区	年均降水量/mm	1 041.6	976.6	933.6	874.6	866.5	981.7	837.0
		与多年平均值比值/%	113.2	106.2	101.5	95.1	94.2	106.7	91.0
	沂北区	年均降水量/mm	890.5	941.7	944.1	799.5	866.0	993.8	787.8
		与多年平均值比值/%	100.2	105.9	106.2	89.9	97.4	111.8	88.6
	赣榆区	年均降水量/mm	918.8	905.0	946.4	772.0	879.4	952.0	830.2
		与多年平均值比值/%	104.0	102.5	107.2	87.4	99.6	107.8	94.0
行政分区	灌南县	年均降水量/mm	1 041.6	976.6	933.6	874.6	866.5	981.7	837.0
		与多年平均值比值/%	113.2	106.2	101.5	95.1	94.2	106.7	91.0
	灌云县	年均降水量/mm	1 023.6	966.8	978.0	821.1	828.2	1 006.7	791.3
		与多年平均值比值/%	112.9	106.7	107.9	90.6	91.4	111.1	87.3
	东海县	年均降水量/mm	821.8	930.2	906.3	786.1	876.9	964.0	775.0
		与多年平均值比值/%	94.5	106.9	104.2	90.4	100.8	110.8	89.1
	赣榆区	年均降水量/mm	918.8	905.0	946.4	772.0	879.4	952.0	830.2
		与多年平均值比值/%	104.0	102.5	107.2	87.4	99.6	107.8	94.0
	连云区	年均降水量/mm	847.2	931.4	960.6	795.6	890.0	1 021.0	801.3
		与多年平均值比值/%	94.5	103.9	107.1	88.7	99.3	113.9	89.4
	海州区	年均降水量/mm	847.2	931.4	960.6	795.6	890.0	1 021.0	801.3
		与多年平均值比值/%	94.5	103.9	107.1	88.7	99.3	113.9	89.4
全市		年均降水量/mm	916.5	939.1	943.1	804.2	868.7	983.8	802.8
		与多年平均值比值/%	102.8	105.3	105.7	90.2	97.4	110.3	90.0

由连云港市 1956—2019 年系列年降水量变化曲线图(图 3-3)可以看出:连云港市降水量整体呈减少趋势,但不明显。

将距平值 K 作为划分降水为丰、平、枯的依据,计算公式如下:

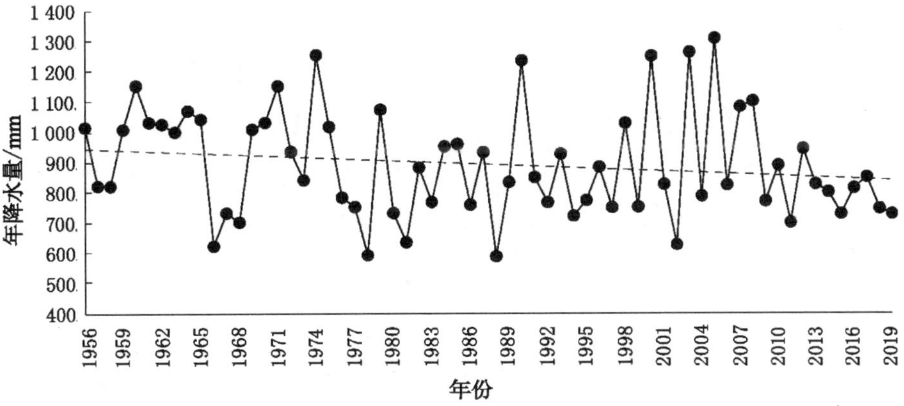

图 3-3　连云港市 1956—2019 年系列年降水量变化曲线图

$$K = \frac{P_i - \bar{P}}{\bar{P}} \times 100$$

式中　K——距平值，%；

P_i——第 i 年的降水量，mm；

$\bar{P}$——多年平均降水量，mm。

将 K 小于－20%的年份划分为枯水的年份，将 K 介于－20%～－10%的年份划分为偏枯的年份，将 K 介于－10%～10%的年份划分为平水年份，将 K 介于 10%～20%的年份划分为偏丰年份，将 K 大于 20%的年份划分为丰水年份。对连云港 1956—2019 年降水量进行距平值计算，得到相应的降水量值，见表 3-4。

表 3-4　连云港市丰、平、枯划分成果

分级	枯水	偏枯	平水	偏丰	丰水
要素距平值/%	距平＜－20	－20≤距平＜－10	－10≤距平≤10	10＜距平≤20	距平＞20
对应降水量/mm	降水量＜713.5	713.5≤降水量＜802.7	802.7≤降水量≤981.1	981.1＜降水量≤1 070.3	降水量＞1 070.3
年数/a	7	17	19	10	11
比例/%	10.9	25.6	29.7	15.6	17.2

总体来看，出现平水年的比例最大(29.7%)，其次是偏枯年(25.6%)，枯水年所占的比例最小(10.9%)。

连云港市年降水量丰枯变化曲线如图 3-4 所示。

由图 3-4 可以看出：1956—1965 年，没有出现偏枯年份和枯水年份，整体处于偏丰年份；1966—1981 年，丰枯年份交替出现；1982—1997 年，除了 1990 年是丰水年，其他年份都是平水、偏枯、枯水年份，整体呈平枯交替出现；1998—2008 年，整体呈丰枯交替出现；2009—2019 年，没有出现偏丰和丰水年份，整体呈平枯交替出现，降水量呈明显减少趋势。

3.1.1.4　降水量频率分析

根据连云港市年降水量系列资料，进行 P-Ⅲ 型频率分析，得到连云港市频率 20%、

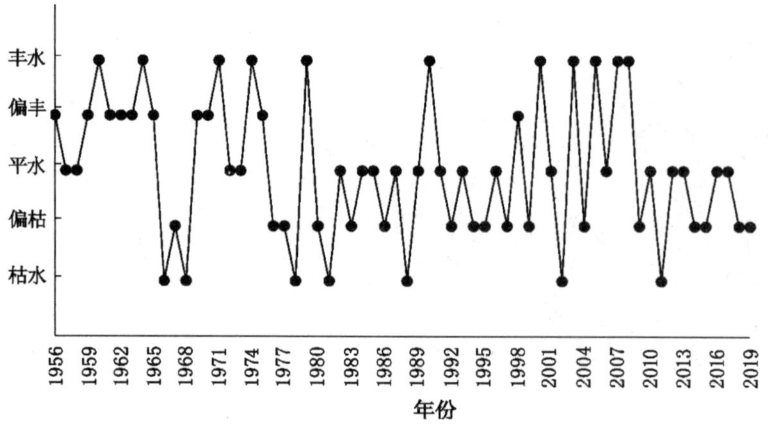

图 3-4　连云港市年降水量丰枯变化曲线图

50%、75%、95%的年降水量分别为 1 044.6 mm、878.9 mm、759.5 mm、607.8 mm，各分区年降水量频率计算成果见表 3-5。

表 3-5　连云港市年降水量频率计算成果

分区		统计参数			不同频率降水量/mm			
		平均值/mm	C_v	C_s/C_v	20%	50%	75%	95%
水资源分区	沂南区	919.8	0.23	2	1 091.2	903.6	769.7	601.6
	沂北区	888.9	0.21	2	1 041.0	875.9	756.9	605.7
	赣榆区	883.2	0.23	2	1 048.1	867.7	739.1	577.7
行政分区	灌南县	919.8	0.23	2	1 091.2	903.6	769.7	601.6
	灌云县	906.5	0.24	2	1 082.7	889.2	751.9	580.7
	东海县	869.9	0.21	2	1 018.7	857.1	740.7	592.8
	赣榆区	883.2	0.23	2	1 048.1	867.7	739.1	577.7
	连云区	896.7	0.22	2	1 057.1	882.3	757.0	598.7
	海州区	896.7	0.22	2	1 057.1	882.3	757.0	598.7
全市		891.9	0.21	2	1 044.6	878.9	759.5	607.8

3.1.2　蒸发量

3.1.2.1　蒸发资料的收集

考虑资料系列长度和蒸发站分布情况，选择具有代表性的 4 个蒸发站（1987—2019 年系列）作为此次分析的站点。对所选蒸发站的历年降水量资料均进行合理性检查，确保蒸发资料的可靠性。

3.1.2.2　蒸发量变化规律

连云港市多年平均蒸发量为 847.5 mm，最大年蒸发量为 974.4 mm，发生在 1988 年，最小年蒸发量为 729.1 mm，发生在 2003 年，最大值是最小值的 1.34 倍，明显小于降水量的年际变化（2.2 倍），见表 3-6。连云港市蒸发量整体呈减少趋势，与降水量保持一致，但不明显，如图3-5所示。

表3-6 连云港市年蒸发量特征值统计表

站点	平均值/mm	最大年		最小年	
		蒸发量/mm	出现年份	蒸发量/mm	出现年份
青口	882.7	1 044.5	1997年	716.0	2003年
石梁河水库	826.1	1 003.6	1994年	716.1	1998年
牛山	856.0	1 065.0	1988年	710.9	2013年
响水口	827.5	981.6	1988年	701.6	1999年
全市	847.5	974.4	1988年	729.1	2003年

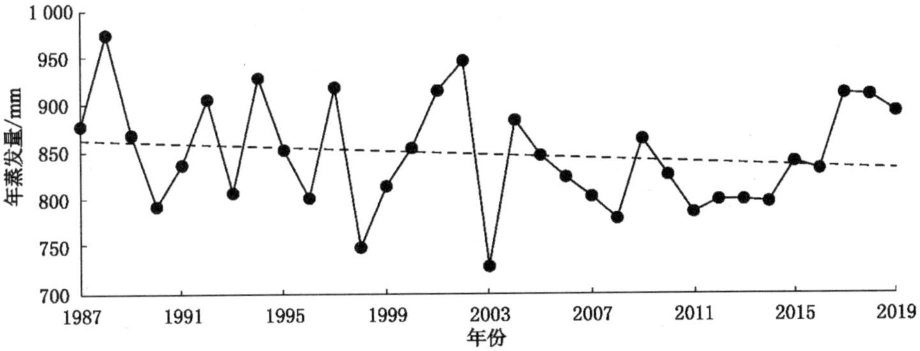

图3-5 连云港市年水面蒸发量

就单站而言，青口站最大蒸发量与最小蒸发量的比值为1.46，石梁河水库站为1.40，牛山站为1.50，响水口站为1.40倍，牛山站年际变化最大。

受温度变化的影响，蒸发量的年内分配很不均匀，夏季气温高、蒸发量大，冬季气温低、蒸发量小。多年平均最小月蒸发量为1月份的22.9 mm，占全年的2.7%，多年平均最大月蒸发量为5月份的107.6 mm，占全年的12.7%，最大月蒸发量是最小月蒸发量的4.70倍，年内分配很不均匀。5—9月多年平均蒸发量为500.9 mm，占多年平均蒸发总量的59.1%，连续最大蒸发量4个月为5—8月，蒸发量为411.0 mm，占多年平均总量的48.5%。连云港市多年平均月蒸发量的年内分配比例如图3-6所示。

3.1.2.3 蒸发量频率分析

根据连云港市年蒸发量系列资料，进行P-Ⅲ型频率分析，得到全市频率为20%、50%、75%、95%的蒸发量分别为896.7 mm、845.4 mm、806.4 mm、753.6 mm。

3.1.2.4 干旱指数分析

根据青口站、石梁河水库站、牛山站、响水口站年降水量蒸发观测资料分别计算干旱指数，计算结果见表3-7。全市多年平均干旱指数为1.01，说明连云港市属于湿润与半湿润过渡带；全市最大干旱指数为1.66，最小干旱指数为0.58，最大值是最小值的2.86倍，年际变化较大，整体呈先变小后变大的趋势，如图3-7所示。其中青口站多年平均干旱指数为1.02，是4个站中最大的，其次是牛山站(1)，响水口站多年平均干旱指数值最小(0.97)。

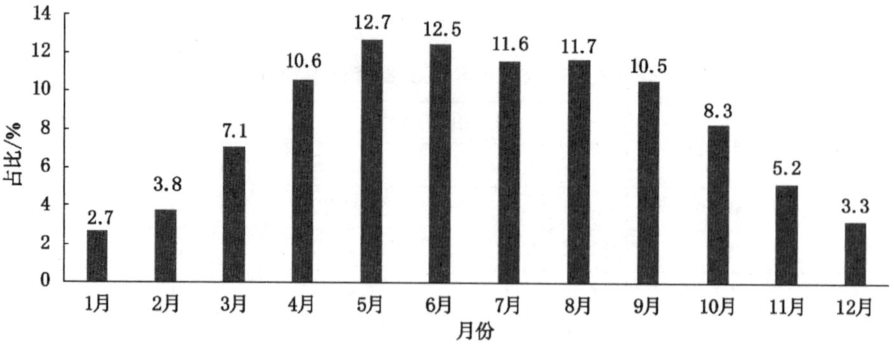

图 3-6　连云港市 1987—2019 年多年平均蒸发量年内分配比例图

表 3-7　连云港市干旱指数平均值、特征值

站点	平均值/mm	最大年		最小年	
		干旱指数	出现年份	干旱指数	出现年份
青口	1.02	1.83	1988 年	0.54	1990 年
石梁河水库	0.98	1.86	1988 年	0.55	1990 年
牛山	1.00	1.57	1988 年	0.65	2005 年
响水口	0.97	1.55	1988 年	0.43	2000 年
全市	1.01	1.66	1988 年	0.58	2003 年

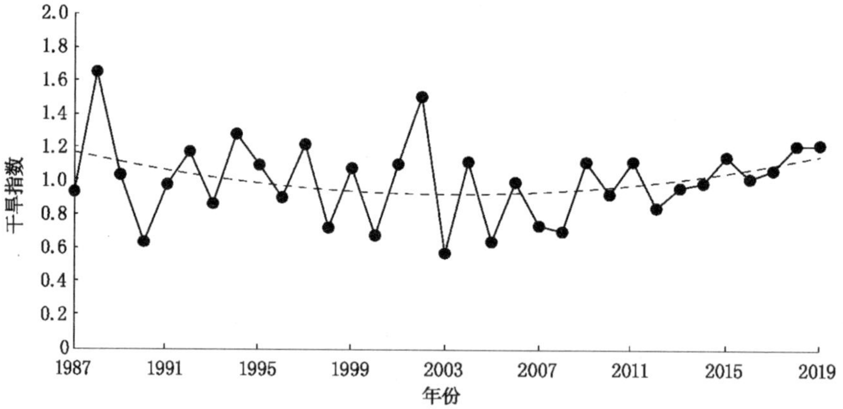

图 3-7　连云港市干旱指数变化曲线

3.1.3　地表水资源量

3.1.3.1　计算模块

本次地表水资源量计算采用江苏省水资源分析评价综合业务系统中“水资源量计算”模块，如图 3-8 所示。

3.1.3.2　计算分区

连云港市总面积为 7 616 km^2，其中建设用地面积为 495.7 km^2，水域面积为 731.7 km^2，

图 3-8 江苏省水资源分析评价综合业务系统

水田面积为 2 194 km²，山区旱地面积为 1 374.1 km²，平原旱地 2 820.5 km²，各分区计算面积见表 3-8。

表 3-8 连云港市地表水资源评价计算分区

分区		计算面积	项目	建设用地	水域面积	水田面积	山区旱地	平原旱地
水资源分区	沂南区	1 028	面积/km²	36	128.6	398.8	0	464.6
			/%	3.5	12.5	38.8	0	45.2
	沂北区	5 074	面积/km²	368.2	399.3	1 492.7	1 014.2	1 799.6
			/%	7.3	7.9	29.4	20.0	35.5
	赣榆区	1 514	面积/km²	91.5	203.8	302.5	359.9	556.3
			/%	6.0	13.5	20.0	23.8	36.7
行政分区	灌南县	1 028	面积/km²	36	128.6	398.8	0	464.6
			占比/%	3.5	12.5	38.8	0	45.2
	灌云县	1 538	面积/km²	48.4	134.4	457.3	51.9	846
			占比/%	3.1	8.7	29.7	3.4	55.1
	东海县	2 037	面积/km²	90.5	173.7	673.2	789	310.6
			占比/%	4.4	8.5	33.0	38.7	15.2
	赣榆区	1 514	面积/km²	91.5	203.8	302.5	359.9	556.3
			占比/%	6.0	13.5	20.0	23.8	36.7
	连云区	797	面积/km²	138.3	42.4	110.6	90.9	414.8
			占比/%	17.4	5.3	13.9	11.4	52
	海州区	702	面积/km²	91	48.8	251.6	82.4	228.2
			占比/%	13.0	7.0	35.8	11.7	32.5
全市		7 616	面积/km²	495.7	731.7	2 194	1 374.1	2 820.5
			占比/%	6.5	9.61	28.81	18.04	37.04

3.1.3.3 计算方法

本次采用江苏省水资源分析评价综合业务系统中“水资源量计算”模块进行地表水量计

算，分别对水面、城镇建设用地、水田、旱地进行产流分析，根据不同下垫面的产流特点，确定不同产流计算方法及计算参数。

（1）水面产流

$$R_{水} = P - \alpha_1 \cdot H_{E601}$$

式中 $R_{水}$——水面产水量（允许为负值，逐日累计），mm；

α_1——水面蒸发折算系数；

P——日降雨量，mm；

H_{E601}——H_{E601} 蒸发器日蒸发量，mm。

水面产流计算中 α_1 为水面蒸发折算系数，即大水面与 H_{E601} 蒸发器蒸发量之间的折算系数，见表 3-9。

表 3-9 连云港市水面蒸发折算系数

月份	1月	2月	3月	4月	5月	6月	7月	8月	9月	10月	11月	12月	全年
折算系数	1.05	0.92	0.90	0.88	0.92	0.94	0.94	0.98	1.06	1.04	1.12	1.12	0.98

（2）城镇建设用地产流

城镇建设用地基本可以认为是不透水面，其产流量除了受降雨量的影响外，还受降雨初期下垫面造成的降雨损失量的制约。假定初损值为 I_0，根据试验成果，每场降雨的初损值一般为 2.4～2.6 mm。考虑本次计算城镇建设用地中除了柏油或水泥马路、屋顶等纯不透水下垫面外，还有城市绿岛、人行道等透水、半透水的下垫面，故取 $I_0 = 5$ mm。具体计算时日降雨量小于等于 5 mm 时均不产流，连续日降雨量超过 5 mm 时按场次降雨计算，每场降雨仅扣 5 mm 初损值，其余雨量均作为产流。

（3）水田产流

水田产流是以水田不同生长期的水稻水深下限（$H_{下}$）、水稻适宜水深（$H_{宜}$）、水稻雨后最大允许水深（$H_{大}$）为控制标的，按照水量平衡原理通过水量调节计算来确定的。在现有灌溉制度情况下，以现有水田水深为基础，用降雨减去水田蒸发量（$\alpha_2 \alpha_1 H_{E601}$）及下渗量（$I_0$）。为负时，消耗水田中水量，若水田水深（$H$）低于水稻水深下限时，则灌溉使水田水深达到水田适宜水深。为正时，水田水深增加，当水田水深超过水稻雨后最大允许水深时的雨量为水田产流量。

$$R_{水田} = H + P - \alpha_2 \alpha_1 H_{E601} - I_0 - H_{大} \quad (R_{水田} \geqslant 0)$$

式中 $R_{水田}$——水田产水量，mm；

α_2——水田蒸发折算系数，与作物不同时期的需水量有关；

α_1，P，H_{E601} 的符号意义同水面产流。

水田蒸发折算系数 α_2 的取值主要根据江苏省试验资料确定，取值见表 3-10。

表 3-10 水田蒸发折算系数

月份	6月	7月	8月	9月
折算系数	1.25	1.4	1.45	1.4

全市水稻生长期统一概化考虑为 6 月 1 日—9 月 30 日，通过调查、调研全市水稻田灌溉制度，统一定为浅湿灌溉。水稻田不同生长期的取用参数见表 3-11。

表 3-11　连云港市水稻田不同生长期的计算参数取值

项目		返青	分蘖		拔节孕穗	抽穗	成熟
			分蘖初中期	分蘖后期			
起讫日期		6 月 1 日—6 月 10 日	6 月 11 日—6 月 24 日	6 月 25 日—7 月 2 日	7 月 3 日—8 月 16 日	8 月 17 日—8 月 28 日	8 月 29 日—9 月 30 日
天数/d		10	14	8	45	12	33
浅湿灌溉取值	适宜水深/mm	40	40	20	30	20	10
	水深下限/mm	20	20	0	10	80/%	80/%
	雨后最大水深/mm	60	60	50	60	50	20

注：表中 80(%)为土壤饱和含水量的 80%，考虑与旱地产流计算相衔接，取土壤饱和含水量为 95 mm。

另外，全市统一考虑水田的稳渗率为 2 mm/d，水田的渗漏量为水田生长期内有含水层的天数与稳渗率的积。根据江苏省地下水资源量计算中历年水稻灌溉水组成的分析成果，多年平均水稻生长期灌溉水中降雨占三分之一，因此认为水田渗漏量的三分之一也是由降雨引起的，这部分水量应作为回归水量计入水田的产水量，降雨引起水田渗漏量的一半还原为水田产水量。

(4) 旱地

江苏省水文局在全省水资源评价中对全省不同下垫面条件地区选用合适水文站点的降雨径流资料，采用次降雨径流相关法，用土壤前期影响雨量 P_a 作为参数，建立次降雨 $P+P_a$-R 的相关关系，相关曲线采用不通过原点的双曲线数学模型。

$$R=[(P+P_a-C_p)^3+C_i^3]^{1/3}-C_i^3$$

曲线上方以 45°线为渐近线。式中，C_p 为相关曲线在($P+P_a$)轴上交点的坐标；C_i+C_p 为相关线的渐近线在 $P+P_a$ 轴上的截距；P 为面平均降雨量；P_a 为前期雨量；R 为径流深。

计算 P_a 用 $P_{a(t+1)}=K\times(P_{a(t)}+P_{(t)})$。

当 P_a 大于流域最大初损 I_{max} 时，取 $P_a=I_{max}$。

根据实测资料建立率定降雨径流关系站(片)地区的场次降雨-径流关系后，再用多年实测逐日降雨量计算出的年径流量拟合天然径流量，复核、修正场次降雨径流关系，建立该站(片)的降雨径流关系模型，并移用到邻近自然地理属性、土壤、植被基本一致的无资料地区。对于无法移用资料的地区，则基本上仍沿用第一次水资源调查评价时的降雨径流关系，只是用该地区近期逐日降雨计算年径流量拟合第一次该地区年降雨径流关系，建立该地区的降雨径流关系模型，并移用到相似地区。朱堵集站被选作旱地径流计算站。

天然径流量的计算主要考虑在实测径流量的基础上，对区域调入、调出水量及工业、农业、生活等耗水量进行还原。区域内调入、调出的水量主要是通过实测资料及建立驻测站与巡测站的关系推求出来的。耗水量的计算主要考虑两个方面，一是水稻田的耗水量，估算依据是历年不同地区的水稻田灌溉定额及渠系利用系数和水田稳渗率；二是包括林牧渔、一般工业、城镇生活、农村居民的耗水量，这部分耗水量的估算主要是依据近年来的全省水资源公报及本次综合规划中全省水资源开发利用部分成果。综合以上两个方面分析得到多年平均耗水量。连云港市旱地降雨径流模型各参数见表3-12。

表3-12 连云港市旱地径流模型参数取值

行政分区	平原旱地				山丘旱地			
	K	I_m	C_p	C_i	K	I_m	C_p	C_i
灌南县	0.93	95	18	110	—	—	—	—
灌云县	0.93	95	18	110	0.9	75	16	71
东海县	0.93	95	18	110	0.9	75	16	71
赣榆区	0.93	95	18	110	0.9	75	16	71
连云区	0.93	95	18	110	0.9	75	16	71
海州区	0.93	95	18	110	0.9	75	16	71

3.1.3.4 区域地表水资源量

据江苏省水资源分析评价综合业务系统中“水资源量计算”模块计算成果，连云港市多年平均降水量(1956—2019年系列)为891.9 mm，地表径流深为264.9 mm，径流系数为0.30，地表水资源量为19.78亿m^3。其中，沂南区多年平均降水量为919.8 mm，地表径流深为246.1 mm，径流系数为0.27，地表水资源量为2.53亿m^3。沂北区多年平均降水量为888.9 mm，地表径流深为263.1 mm，径流系数为0.30，地表水资源量为13.16亿m^3。赣榆区多年平均降水量为883.2 mm，地表径流深为284.1 mm，径流系数为0.32，地表水资源量为4.09亿m^3。连云港市地表水资源量见表3-13。

表3-13 连云港市地表水资源量评价结果

分区		降水量/mm	径流深/mm	径流系数	地表水资源量/亿m^3
水资源分区	沂南区	919.8	246.1	0.27	2.53
	沂北区	888.9	263.1	0.30	13.16
	赣榆区	883.2	284.4	0.32	4.09
行政分区	灌南县	919.8	246.1	0.27	2.53
	灌云县	906.6	248.5	0.27	3.77
	东海县	869.9	261.2	0.30	5.32
	赣榆区	883.2	284.4	0.32	4.09
	连云区	896.7	281.1	0.31	2.17
	海州区	896.7	281.3	0.31	1.90
全市		891.9	264.9	0.30	19.78

3.1.3.5 地表水资源变化规律

从全市各水资源分区、行政分区1956—2019年地表径流计算成果来看，连云港市最大地表径流深出现在2000年，为631.6 mm；最小径流深出现在1966年，为63.1 mm。其中沂南区最大地表径流深出现在 2000 年，与全市最大径流深出现年份相同，为 841.4 mm；最小径流深出现在 2004 年，为 38.8 mm。沂北区最大地表径流深年份出现在 2005 年，与最大降水量出现年份相同，为 656.2 mm；最小径流深出现在 1966 年，与全市最小径流深出现年份相同，为 66.3 mm。赣榆区最大地表径流深出现在 1974 年，与最大降水量出现年份相同，为 679.9 mm；最小径流深出现在 1966 年，与全市最小径流深出现年份相同，为 42.6 mm。连云港市地表径流特征值见表 3-14。

表 3-14　连云港市地表径流特征值

分区		平均值/mm	最大值/mm	出现年份	最小值/mm	出现年份
水资源分区	沂南区	246.1	841.4	2000 年	38.8	2004 年
	沂北区	263.1	656.2	2005 年	66.3	1966 年
	赣榆区	284.4	679.9	1974 年	42.6	1966 年
行政分区	灌南县	246.1	841.4	2000 年	38.8	2004 年
	灌云县	248.5	786.1	2005 年	40.1	1966 年
	东海县	261.2	602.6	2003 年	64.1	1966 年
	赣榆区	284.4	697.9	1974 年	42.6	1966 年
	连云区	281.1	683.0	2000 年	59.0	2002 年
	海州区	281.3	683.3	2000 年	59.2	2002 年
全市		264.9	631.6	2000 年	63.1	1966 年

由于降雨的年内分配及多年变化不均，导致径流的年内分配及多年变化不均，从全市 1956—2019 年平均径流量月分配比例表来看，全市汛期（6—9 月）径流量占全年的 97.5%，其中沂南区、沂北区、赣榆区分别占 99.1%、96.8%、98.0%。全市多年平均 7 月份和 8 月份径流量占年径流量分别为 44.5%、31.8%。连云港市汛期径流集中度比降雨的汛期集中度要大得多。全市 1956—2019 年平均月径流如图 3-9 所示，全市各系列平均月径流分配见表 3-15。

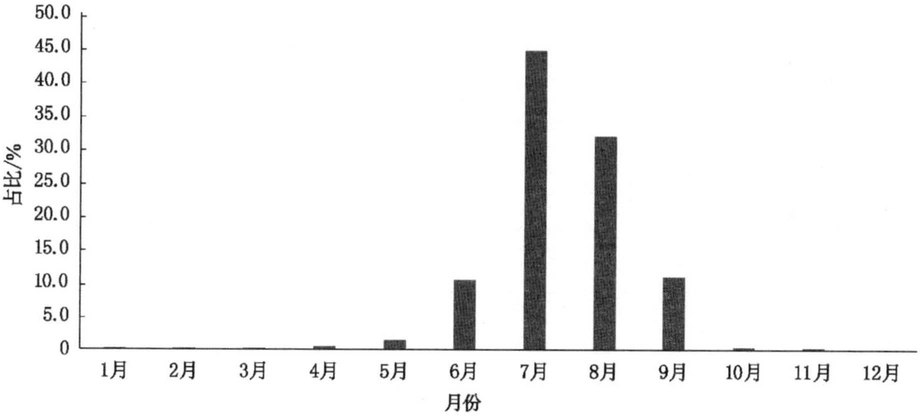

图 3-9　连云港市多年平均月径流

表 3-15　连云港市多年平均月径流分配表　　单位:%

分区		1月	2月	3月	4月	5月	6月	7月	8月	9月	10月	11月	12月	6月至9月总计
水资源分区	沂南区	0.0	0.0	0.0	0.0	0.8	10.7	42.2	34.0	12.2	0.0	0.1	0.0	99.1
	沂北区	0.0	0.1	0.1	0.6	1.6	10.3	44.2	31.5	10.8	0.5	0.3	0.0	96.8
	赣榆区	0.0	0.0	0.0	0.5	1.3	10.1	46.6	31.2	10.0	0.3	0.0	0.0	97.9
行政分区	灌南县	0.0	0.0	0.0	0.0	0.8	10.7	42.2	34.0	12.2	0.0	0.1	0.0	99.1
	灌云县	0.0	0.0	0.0	0.1	1.0	9.7	43.2	34.1	11.4	0.3	0.3	0.0	98.4
	东海县	0.0	0.0	0.0	0.6	1.6	10.7	46.7	29.6	10.4	0.3	0.0	0.0	97.4
	赣榆区	0.0	0.0	0.0	0.5	1.3	10.1	46.6	31.2	10.0	0.3	0.0	0.0	97.9
	连云区	0.2	0.3	0.5	1.3	2.8	10.6	40.3	31.3	10.3	1.5	1.0	0.0	92.5
	海州区	0.2	0.3	0.5	1.3	2.8	10.6	40.3	31.3	10.3	1.5	1.0	0.0	92.5
全市		0.0	0.0	0.1	0.5	1.4	10.3	44.5	31.8	10.8	0.4	0.1	0.0	97.5

3.1.3.6　分频率地表水资源量分析

对各分区的地表水资源量系列进行频率计算,以 P-Ⅲ型曲线适线,并用目估适线法调整,计算其设计年地表水资源量,适线时除了考虑曲线通过点群中心外,着重考虑水资源量较小点据的适线。连云港市频率为 20%、50%、75%、95%的地表水资源量分别为 27.88 亿 m^3、17.82 亿 m^3、11.79 亿 m^3、5.85 亿 m^3。连云港市地表水资源分频率计算成果见表 3-16。

表 3-16　连云港市地表水资源分频率计算成果表

分区		统计参数			不同频率地表水资源量/亿 m^3			
		平均值/亿 m^3	C_v	C_s/C_v	20%	50%	75%	95%
水资源分区	沂南区	2.53	0.63	2	3.69	2.20	1.36	0.58
	沂北区	13.16	0.54	2	18.47	11.90	7.94	3.99
	赣榆区	4.09	0.53	2	5.72	3.71	2.50	1.28
行政分区	灌南县	2.53	0.63	2	3.69	2.20	1.36	0.58
	灌云县	3.77	0.6	2	5.43	3.33	2.11	0.96
	东海县	5.32	0.49	2	7.29	4.90	3.41	1.88
	赣榆区	4.09	0.53	2	5.72	3.71	2.50	1.28
	连云区	2.17	0.58	2	3.11	1.93	1.24	0.59
	海州区	1.90	0.58	2	2.71	1.69	1.09	0.51
全市		19.78	0.55	2	27.88	17.81	11.80	5.85

3.1.4　地下水资源量

3.1.4.1　区域地质概况

连云港市地质构造形成于太古代,处于华北古陆(或地台)的南部,吕梁运动使淮阴断裂(灌南县—响水断裂)以北的地块上升剥蚀,古生代—中生代地层缺失。燕山运动对本市影响较大;淮阴断裂以北开始一度下降,接受白垩系沉积,后又回返上升继续遭受剥蚀,故其白垩系地层大部分被剥蚀掉,仅在局部地段可见其残留体。新近系—第四系本区受喜马拉雅山运动的影响,又开始沉陷,接受松散沉积物的沉积和覆盖。

地层情况如下:

(1)晚新生代以前的地层。晚新生代以前的地层在连云港市的北部出露较多,在东南部基本被厚达几百米的松散层覆盖。按地层形成年代先后简述如下:在太古界—元古界时期,主要地层有胶东群洙边组,分布在东海县的阿湖—牛山、高子山—羽山、南马陵山和赣榆区的赣马、海头一带,在牛山、房山、青龙山一带有所出露;坪上组,分布在新沭河以北,部分被第四纪地层覆盖;朐山组,隐伏在临洪河一带,主要出露于锦屏山;锦屏组,分布在锦屏山之东、南、西三面及新浦与大浦一带,出露于东山、西山和刘志洲山等;云台组,分布在云台山和灌云县的大部分地区,主要出露于前后云台山、东西连岛,在大伊山、小伊山、伊芦山、罘山、张宝山、东陬山、西陬山等地有零星露头。在古生代—早新生代时期,主要地层有寒武系—三叠系、白垩系—古近系。寒武系—三叠系分布在灌南—响水一线以南,其上部被厚达200 m以上的松散堆积物所覆盖;白垩系—古近系地层分布较广,其白垩系青山组分布于安峰山一带,白垩系王氏组分布在郯庐断陷盆地内并构成马陵山山体,上白垩统浦口组和下第三系阜宁组,主要隐伏和分布于灌云一带,其上部覆盖有数百米松散层。

(2)晚新生代地层。晚新生代地层包括上第三系和第四系,其中上第三系仅在灌云、灌南一带形成冲海积地层,地表未见出露,岩性以黏土、亚黏土为主,夹粉细沙及含砾中粗砂,自西向东厚度逐渐加大(0～223 m)。而第四系分布几乎遍及全市,主要有分布于沿海平原区的海积地层,岩性为亚黏土及淤泥质亚黏土,厚度为1～18 m;分布于东海、赣榆平原区的冲洪积地层,岩性为含砾泥质中粗沙夹亚黏土和亚沙土薄层,多直接覆盖在基岩上,厚度为5～20 m;分布于灌云、灌南和市区的冲海积地层,岩性为黏土、亚黏土和粉沙互层,厚度为20～40 m;分布于灌云、灌南一带的冲湖积地层,岩性以沙层为主,上部夹较多黏性土,厚度为10～50 m。晚新生代地层在连云港市的变化特点:由西北向东南厚度逐渐加大。

火成岩主要分布在东海、赣榆低山丘陵区,本区火成岩活动具有多旋回性,受构造控制明显,沿北东向断裂分布较多,现将所见主要火成岩以不同侵入期分述之:

(1)吕梁期侵入岩。① 基性岩:以榴辉岩为主,多被第四纪地层覆盖,零星分布,一般呈透镜状,次呈新月状或牛轭状,长轴多为北东向。榴辉岩体常具有明显的构造分异现象,内部多数为块状榴辉岩,向外有片麻状榴辉岩,一般与围岩界线清楚,因为近岩体的片麻岩富含黑云母。② 酸性岩:以伟晶岩及脉石英为主,尤其脉石英分布较广,脉石英的形态受构造裂隙的控制,在其肪体庞大部位常含有水晶矿。

(2)燕山侵入岩。以花岗闪长岩为主,其中大规模岩体分布于东海县的桃林,岩体为超基岩体,向南隐伏于第四系之下。岩体上部风化裂隙发育,风化带厚度为10～30 m。另外赣榆区的厉庄也有规模较大的岩体分布,该岩体岩石风化强烈,新鲜露头少见。

(3)喜山期喷出岩。在安峰山、平明山一带有小面积喜山期玄武岩分布。

3.1.4.2　地质构造

连云港市地质构造非常复杂,具有多期次、多应力场特点,是多次构造运动的结果。现对影响连云港市地形地貌的主要地质构造简述如下:

(1)褶皱构造。连云港市区域主要褶皱构造有:锦屏山倒转背斜,由锦屏山经大浦镇延伸至临洪河口一带，背斜核部由朐山组组成，出露于锦屏山；连云港、罘山倒转向斜，从罘山延伸至云台山和东西连岛一带，与锦屏山倒转背斜相邻，二者构成完整倒转褶皱体系，向斜核部由震旦系云台组上段组成，出露于东西连岛、前后云台山、大伊山、小伊山、伊芦山、张宝山、东陬山和西陬山等广大地区；羽山—大吴山背斜，位于东海西北部至赣榆北部，长约60 km，占据两县区山丘地貌的大部分，其核部由低山残丘组成，沿轴向火成岩穿插强烈，混合岩化程度较高；阿湖—牛山倒转背斜，位于东海县南部，出露于牛山、房山，核部混合岩化强烈，次级的纵张裂隙和横张裂隙发育；官庄—大贤庄单斜构造，位于东海县马陵山一带，长数十公里，受郯庐大断裂控制。

（2）断裂构造。位于连云港市区域的断裂构造有十几条，较大的断裂构造有：郯庐大断裂、杜沟—堰水房断裂、郭—仲断裂、陈洪爽—温旦头断裂、竹墩—三合断裂、张昌断裂、陈栈—李埝断裂等。这些断裂一般长几公里到几十公里不等，只有郯庐大断裂长千余公里，位于连云港市西部，对区域地质构造、火成岩活动及地形地貌均起控制作用，至今仍有活动，为活动断层。

3.1.4.3 含水岩组的划分与地下水类型

连云港市地下水的形成、类型、赋存条件、丰沛程度和水化学特征等水文地质条件，与连云港市所处的自然地理、地貌、地层岩土性质、地质构造和沉积环境密切相关。根据储水介质空隙性质及水理特征，连云港市浅层地下水分为平原区浅层孔隙水和山丘区基岩裂隙水两大类型，其中平原区浅层孔隙水最为发育，占全市总面积近75%。

（1）平原区孔隙水、潜水

根据连云港市平原区地层形成不同，岩性分布存在一定差异，其浅层地下水的补给、贮存和排泄也有所不同。

① 沂沭区：为沂沭河冲积倾斜平原，表层岩性以平黏土夹薄层粉砂为主，潜水水量不大。上部承压含水层由冲洪积含砾中粗砂组成，厚20～30 m，单位涌水量大部分地区为10～30 $m^3/(h \cdot m)$，地下水位埋深为1～3 m，补、排以降水入渗和潜水蒸发为主。

② 东海赣榆区：为山前倾斜平原。包气带岩性以亚黏土为主，水位埋深为2 m左右，单位涌水量为1～5 $m^3/(h \cdot m)$，河谷洼地中心较大，补给以降水为主，排泄以潜水蒸发为主，地下径流侧排为次。

③ 沿海地区：为海积平原，地势低平，略向东倾斜，地下水流向地形一致。由于第四系以来新构造运动及全球性气候的变化，造成数次海浸，形成含盐地层，导致地下水矿化度很高，基本没什么价值。

（2）山丘区基岩裂隙水

岩性、构造、地貌是控制山丘区地下水赋存的主要条件，只有在特定的地质构造条件下的地下水富集带才有贮水量。

（3）平原区深层承压水

连云港市深层地下水主要分布于灌云北部及灌南县，为Ⅱ、Ⅲ承压水。

3.1.4.4 地下水的补给、径流、排泄条件

（1）基岩裂隙水。西北部基岩因长期裸露于地表遭受强烈风化和历次构造运动的破坏，风化和构造裂隙发育，构成地下导水裂隙网，降水首先沿低洼沟谷汇集成流，然后沿导水裂隙部分渗入形成径流，以潜流形式补给第四系含水层或以泉的形式溢出地表，在流动途中

部分消耗于蒸发或人工开采，地下径流方向总体为由西北向东南。

（2）松散岩类孔隙水。① 浅层水：浅层水近地表分布，由于松散层表层渗透性好，地势低平，故接受大气降水和蒸发，是最主要的补给来源和排泄途径。另外，季节性河渠水位上涨及农业灌溉也会入渗补给地下水。山前平原地带地下水还接受基岩裂隙水的侧向径流补给，并向黄海径流排泄，但径流速度滞缓。② 深层水：深层水的补给来源较远，其天然状态下径流比较微弱，在人工开采条件下，地下水由四周向降落漏斗中心汇聚，深层水与浅层水有较厚的隔水层存在，故与上部浅层水之间的水力联系微弱，深层水主要的排泄方式是人工开采。

3.1.4.5　评价类型区的划分

地下水的补给、径流、排泄情况受地形地貌、地质构造及水文地质条件的制约，同一水文地质单元的水文及水文地质条件比较接近。地下水资源量评价是按照水文地质单元进行的，然后归并到行政分区。地下水资源量评价类型区划分的目的是确定各个具有相似水文地质特征的均衡计算区。均衡计算区是选取有关水文及水文地质参数值进行各项补给量、排泄量和地下水资源量计算的最小单元。地下水类型区按 3 级划分。

（1）Ⅰ、Ⅱ级类型区划分

根据区域地形地貌特征将连云港市分为山丘区和平原区 2 个Ⅰ级类型区，其中平原区面积为 5 761 km^2，山丘区面积为 1 855 km^2。

根据次级地形地貌特征、含水层岩性及地下水类型，将平原区划分为一般平原区、山间平原区、内陆盆地平原区和沙漠区 4 个Ⅱ级类型区；将山丘区划分为一般山丘区和岩溶山丘区 2 个Ⅱ级类型区。根据连云港市具体情况，山丘区均为一般山丘区，平原区均为一般平原区，详见表 3-17。

表 3-17　连云港市平原区、山丘区面积表

分区		总面积/km^2	山丘区面积/km^2	平原区面积/km^2
水资源分区	沂南区	1 028	0	1 028
	沂北区	5 073	1 338	3 735
	赣榆区	1 514	517	997
行政分区	灌南县	1 028	0	1 028
	灌云县	1 538	58	1 480
	东海县	2 036	1 065	973
	赣榆区	1 514	517	997
	连云区	798	115	683
	海州区	701	100	601
全市		7 615	1 855	5 761

（2）Ⅲ级类型区划分

根据水文地质条件、地下水埋深、包气带岩性及厚度，在Ⅱ级类型区基础上进行Ⅲ级类型区划分。一般平原区根据水文地质条件，主要是包气带岩性特征和多年平均地下水埋深，将平原区划分为若干个均衡计算区，同一均衡计算区内，土壤岩性和地下水埋深大致相同。

连云港市浅层地下水的埋深一般都不深，超过 5 m 的地区较少，因此这一次评价，包气带岩性主要以地面以下 0～4 m 岩性为主；连云港市包气带岩性主要分为 5 种，分别为黏土、黏土亚黏互层、亚黏土、亚砂亚黏互层、亚砂土。

3.1.4.6　地下水资源评价

地下水是指赋存于岩土空隙中的饱和重力水。本次连云港市计算的地下水资源量是指全市地下水体中参与水循环且可以逐年更新的动态水量，是对近期下垫面条件下多年平均浅层地下水资源量及其分布特征进行评价，主要包括平原区潜水和山丘区基岩裂隙水。

(1) 计算面积确定

山丘区的计算面积按实际划分的面积进行计算。由于水面与不透水面几乎不形成对地下水补给，也不产生潜水蒸发，所以平原区的计算面积为各分区的总面积减去水面面积与不透水面积，连云港市平原区计算面积为 4 836 km^2，详见表 3-18。

表 3-18　连云港市平原区计算面积成果表　　单位：km^2

分区		黏土	黏土亚黏互层	亚黏土	亚砂亚黏互层	亚砂	合计
水资源分区	沂南区	0	598	6	78	186	868
	沂北区	528	1 388	1 312	0	0	3 228
	赣榆区	0	0	740	0	0	740
行政分区	灌南县	0	598	6	78	186	868
	灌云县	58	1 113	112	0	0	1 283
	东海县	0	0	972	0	0	972
	赣榆区	0	0	740	0	0	740
	连云区	250	146	121	0	0	517
	海州区	220	129	107	0	0	456
全市		528	1 986	2 058	78	186	4 836

(2) 平原区孔隙水、潜水计算方法

平原浅层地下水资源量采用补给量法计算，即各项补给量之和为地下水资源量。所有计算都在均衡区内进行，然后再分配到各行政区。

地下水总补给量 $Q_{总补}$＝降雨入渗补给量＋河道、库塘渗漏补给量＋渠系渗漏补给量＋渠灌田间入渗补给量＋人工回灌补给量(此项为 0)＋山前侧向补给量(忽略不计)

① 降水入渗补给量。

降水入渗补给量指降水渗入土壤中并在重力作用下渗透补给地下水的水量。降水入渗补给量根据以下公式进行计算：

$$P_r = 10^{-1} \cdot P \cdot \alpha \cdot F$$

式中　P_r——降水入渗补给量，万 m^3；

P——降水量，mm；

α——降水入渗补给系数；

F——均衡计算区计算面积，km^2。

降水入渗补给系数 α，是指降水入渗补给量与相应降水量的比值，主要受包气带岩性、地下水埋深、降水量大小和强度、土壤前期含水量、微地形地貌、植被等因素的影响。

② 河道、湖库渗漏补给量。

当河道、湖库水位高于两岸地下水位时，地表水渗漏补给地下水。河道、湖库渗漏补给量采用地下水动力学法进行计算，公式如下：

$$Q_{河补}=10^{-4}\cdot K\cdot I\cdot A\cdot L\cdot t$$

式中　$Q_{河补}$——河道、湖库渗漏补给量，万 m^3；

K——渗透系数，m/d；

I——垂直于剖面的水力坡降；

A——单位长度垂直于地下水流向的剖面面积，m^2/m；

L——河道或湖库长度，m；

t——河道或湖库过水(或渗漏)时间，d。

连云港市平原区河网密布，浅层地下水水位埋深较浅，与河道、湖库等地表水体水位差小，在现状开采条件下，相互补给基本均衡，故在平原区浅层地下水资源计算中忽略该项。

③ 渠系渗漏补给量。

渠系水位一般均高于其岸边的地下水水位，故渠系水一般均补给地下水。本次评价只计算干、支两级渠道的渗漏补给量，连云港市进行了此项量的多年平均值计算，采用系数法进行计算，公式为：

$$Q_{渠系}=m\cdot Q_{渠首引}$$

式中　$Q_{渠系}$——渠系渗漏补给量，万 m^3；

$Q_{渠首引}$——渠首引水量，万 m^3；

m——渠系渗漏补给系数，无因次。

渠系渗漏补给系数 m 是指渠系渗漏补给量与渠首引水量的比值，即 $m=Q_{渠系}/Q_{渠首引}$。m 值的主要影响因素是渠道衬砌程度、渠道两岸包气带和含水层岩性特征、地下水埋深、包气带含水量、水面蒸发强度、渠系水位和过水时间。本次评价 m 采用以往成果，其取值为 0.02。

④ 渠灌田间入渗补给量。

渠灌田间入渗补给量是指渠灌水进入田间后，入渗补给地下水的水量。连云港市本次评价将斗、农、毛三级渠道的渗漏补给量纳入渠灌田间入渗补给量，渠灌田间入渗补给量只计算多年平均值，计算公式为：

$$Q_{渠灌}=\beta_{渠}\cdot Q_{渠田}$$

式中　$Q_{渠灌}$——渠灌田间入渗补给量，万 m^3；

$\beta_{渠}$——渠灌田间入渗补给系数，无因次；

$Q_{渠田}$——渠灌水进入田间的水量，万 m^3。

灌溉入渗补给系数 β 是田间灌渠入渗补给量与进入田间的灌水量的比值，影响 β 值大小的因素主要是包气带岩性、地下水埋深、灌溉定额及耕地的平整程度。

河道、湖库渗漏补给量、渠系渗漏补给量、渠灌田间入渗补给量三项之和为地表水对地下水的补给。

(3) 山丘区裂隙水资源量计算方法

山丘区浅层地下水各项排泄量包括河川基流量、山前泉水溢出量、山前侧向流出量、浅层地下水实际开采量和潜水蒸发量(发生在未单独划分为山间平原区的蒸发量)。根据江苏省的具体情况，除河川基流量外，其他各项的量非常小，可以忽略不计，连云港市排泄项只计算河川基流量。

河川基流量是指河川径流量中由地下水渗漏补给河水的部分，即河道对地下水的排泄量。通过分割河川径流量过程线的方法计算河川基流量。

本次计算采用《连云港市水资源综合调查评价报告》的分析成果，即张疃水文站监测的河川基流量的分析成果，详见表3-19。

表3-19　张疃站以上流域模数关系成果表

年降水量/mm	河川基流模数/[万 m³/(a·km²)]	年降水量/mm	河川基流模数/[万 m³/(a·km²)]	年降水量/mm	河川基流模数/[万 m³/(a·km²)]
500	2.35	700	4.46	900	8.12
520	2.52	720	4.75	950	9.26
540	2.68	740	5.04	1000	10.75
560	2.85	760	5.36	1 050	12.32
580	3.06	780	5.7	1 100	13.94
600	3.27	800	6.05	1 150	15.65
620	3.5	820	6.42	1 200	17.45
640	3.73	840	6.82	1 250	19.32
660	3.96	860	7.23	1 300	21.15
680	4.21	880	7.66	1 400	25.00

（4）浅层地下水资源量

计算分区地下水资源量是指进入该计算区的各项补给量的总和。计算分区中包括平原区与山丘区，平原区河道渗漏，渠系渗漏和渠灌田间回归补给均由河川径流量补给，其中部分补给量来自山丘区河川基流，而基流量已计入山丘区地下水资源量中。因此，在确定全市地下水资源量时应扣除重复部分。根据地表水体中河川基流占河川径流量的比例，算出地表水体入渗补给量中由基流形成的补给量，作为其重复计算量。全市浅层地下水资源量为9.46亿 m³，其中矿化度小于2 g/L的浅层地下水资源量为6.36亿 m³，详见表3-20。

表3-20　连云港市浅层地下水资源成果表　　单位：亿 m³

分区		矿化度≤2 g/L	2 g/L<矿化度≤5 g/L	矿化度>5 g/L	合计
水资源分区	沂南区	1.30	0.09	0.33	1.72
	沂北区	3.69	0.49	1.92	6.10
	赣榆区	1.37	0.12	0.15	1.64
行政分区	灌南县	1.30	0.09	0.33	1.72
	灌云县	0.63	0.30	1.15	2.08
	东海县	2.59	0.00	0.00	2.59
	赣榆区	1.37	0.12	0.15	1.64
	连云区	0.25	0.10	0.41	0.76
	海州区	0.22	0.09	0.36	0.67
全市		6.36	0.70	2.40	9.46

3.1.4.7　地下水资源分布特征

大气降水与浅层地下水有密切联系，是浅层地下水的主要补给来源。分析浅层地下水资源分布特征，重视大气降水是必需的，但另一个因素——水文地质条件，同样也是比较重要的。地下水必须贮存于地下水库——贮水地质构造中，如果降水量大，但表土入渗条件不好，降水将较快产流形成地表径流汇入河川。如果入渗条件好，而没有贮水地质构造，入渗的地下水将成为地下径流汇入外区的贮水地质构造，成为外区的地下水资源。在降水量不大，表土入渗条件不好，但是有良好的贮水地质构造的地区，却可能成为浅层地下水的富集带，贮存较丰富的地下水资源。因此在评价地下水资源分布特征时，将大气降水与水文地质条件一同研究。浅层地下水资源量(矿化度小于≤2 g/L)最大的为东海县(2.59 亿 m^3)，其次是赣榆区(1.37 亿 m^3)，再者为灌南县(1.30 亿 m^3)。主城区浅层水资源量最少，为 0.47 亿 m^3，见表 3-20。可见浅层水资源量主要分布在连云港市的西北部和南部地区。

3.1.5　水资源总量

水资源总量为当地降水形成的地表和地下产水量，即地表径流量与降雨入渗补给量之和，其表达式为：

$$W = R_s + P_r = R + P_r - R_g$$

式中　W——水资源总量；

R_s——地表径流量；

R——河川径流量(地表水资源量)；

P_r——地下水的降雨入渗补给量；

R_g——河川基流量。

连云港市多年平均水资源总量计算成果见表 3-21。

表 3-21　连云港市多年平均水资源总量计算成果表

分区		地表水资源量/亿 m^3	地下水资源量/亿 m^3	水资源总量/亿 m^3	产水模数/(万 m^3/km^2)	产水系数
水资源分区	沂南区	2.53	1.30	3.42	33.27	0.36
	沂北区	13.16	3.68	14.84	29.67	0.33
	赣榆区	4.09	1.37	4.78	33.24	0.36
行政分区	灌南县	2.53	1.30	3.42	33.27	0.36
	灌云县	3.77	0.63	4.19	27.62	0.30
	东海县	5.32	2.58	6.37	31.27	0.36
	赣榆区	4.09	1.37	4.78	33.24	0.36
	连云区	2.17	0.25	2.28	28.61	0.32
	海州区	1.90	0.22	2.00	28.53	0.32
全市		19.78	6.35	23.04	30.86	0.34

连云港市 1956—2019 年系列多年平均水资源总量 23.04 亿 m^3、产水模数为 30.86 万 m^3/km^2、产水系数为 0.34。从水资源分区来看，沂北区多年平均水资源总量最大，为

14.84 亿 m^3、占总量的 64.4%，产水模数为 29.67 m^3/km^2，产水系数为 0.33；最小的是沂南区，多年平均水资源总量为 3.42 亿 m^3，占总量的 14.8%，产水模数为 33.27 万 m^3/km^2，产水系数为 0.36。从行政分区来看，东海县多年平均水资源总量最大，为 6.37 亿 m^3，占总量的 27.6%，产水模数为 31.27 万 m^3/km^2，产水系数为 0.36；灌南县多年平均水资源总量最少，多年平均水资源总量为 3.42 亿 m^3，占总量的 14.8%，产水模数为 33.27 万 m^3/km^2、产水系数为 0.36。连云港市多年平均水资源总量分析成果见表 3-21。

连云港市频率为 20%、50%、75%、95% 的水资源总量分别为 31.76 亿 m^3、21.15 亿 m^3、14.61 亿 m^3、7.87 亿 m^3。连云港市水资源总量分频率计算成果见表 3-22。

表 3-22 连云港市水资源总量分频率计算成果表

分区		平均值/亿 m^3	不同频率时的水资源总量/亿 m^3			
			20%	50%	75%	95%
水资源分区	沂南区	3.42	4.71	3.14	2.17	1.17
	沂北区	14.84	20.55	13.52	9.29	4.92
	赣榆区	4.78	6.50	4.44	3.14	1.79
行政分区	灌南县	3.42	4.71	3.14	2.17	1.17
	灌云县	4.19	5.98	3.73	2.40	1.13
	东海县	6.37	8.70	5.89	4.13	2.30
	赣榆区	4.78	6.50	4.44	3.14	1.79
	连云区	2.28	3.12	2.11	1.48	0.83
	海州区	2.00	2.73	1.85	1.30	0.72
全市		23.04	31.76	21.15	14.61	7.87

3.1.6 水资源可利用量

3.1.6.1 地表水资源可利用量

地表水资源可利用量是指在可预见的时期内，在统筹考虑河道内生态环境和其他用水的基础上，采用经济合理、技术可行的措施，可供河道外生活、生产、生态用水的一次性最大水量(不包括回归水的重复利用)。

根据江苏省水文水资源勘测局有关研究成果，江苏省长江以北地区地表水资源可利用率为 29.0%，以此计算连云港市地表水资源可利用量。通过计算得到全市地表水资源可利用量为 5.74 亿 m^3，各四级水资源区和行政区地表水资源可利用量计算成果见表 3-23。

表 3-23 全市地表水资源可利用量计算成果表

分区		地表水资源量/亿 m^3	地下水资源可利用量/亿 m^3
水资源分区	沂南区	2.53	0.73
	沂北区	13.16	3.82
	赣榆区	4.09	1.19

表 3-23(续)

分区		地表水资源量/亿 m^3	地下水资源可利用量/亿 m^3
行政分区	灌南县	2.53	0.73
	灌云县	3.77	1.09
	东海县	5.32	1.55
	赣榆区	4.09	1.19
	连云区	2.17	0.63
	海州区	1.90	0.55
全市		19.78	5.74

3.1.6.2　地下水资源可利用量

地下水资源可利用量即地下水资源可开采量，是在可预见的时期内，通过经济合理、技术可行的措施，在不致引起生态环境恶化条件下允许从含水层中获取的最大地下水资源量。

根据江苏省水文水资源勘测局有关研究成果，日赣平原区和山丘区地下水平均可开采系数为 0.700；沂沭河平原区和山丘区平均可开采系数为 0.723。以此计算连云港市浅层地下水资源(矿化度≤2 g/L)可开采量即可利用量，沂南区借用沂沭河区可开采系数值。经计算，连云港市浅层地下水可利用量为 4.56 亿 m^3，可利用系数为 0.718。各四级水资源区和行政区地下水资源可利用量计算成果见表 3-24。

表 3-24　全市浅层地下水资源(矿化度≤2 g/L)可利用量计算成果表

分区		地下水资源量/亿 m^3	地下水资源可利用量/亿 m^3
水资源分区	沂南区	1.30	0.94
	沂北区	3.68	2.66
	赣榆区	1.38	0.96
行政分区	灌南县	1.30	0.94
	灌云县	0.63	0.46
	东海县	2.58	1.86
	赣榆区	1.38	0.96
	连云区	0.25	0.18
	海州区	0.22	0.16
全市		6.36	4.56

3.1.6.3　水资源可利用总量

水资源可利用总量是指在可预见的时期内，在统筹考虑生活、生产和生态环境用水的基础上，通过经济合理、技术可行的措施在当地水资源中可资一次性利用的最大水量。地表水资源可利用量与地下水资源可利用量相加(省局研究成果中，地下水可利用率是指其最大可开采量所占比例，地表水可利用率是指其最大可消耗量所占比例，因此在计算水资源可利用总量时无须减去地表与地下水可利用量的重复量)即得水资源可利用总量。

连云港市水资源可利用总量为 10.30 亿 m^3，可利用率为 44.7%。其中沂南区水资源可利用总量为1.67亿 m^3，占全市水资源可利用总量的16.2%，可利用率为48.8%。沂北区水资源可利用总量为6.48亿 m^3，占全市水资源可利用总量的62.9%，可利用率为43.7%，赣榆区水资源可利用总量为2.15亿 m^3，占全市水资源可利用总量的20.9%，可利用率为45.0%。各行政分区水资源可利用总量计算成果见表3-25。

表3-25 全市水资源可利用总量计算成果表

分区		地表水资源可利用量/亿 m^3	地下水资源可利用量/亿 m^3	可利用总量/亿 m^3	可利用率/%
水资源分区	沂南区	0.73	0.94	1.67	48.8
	沂北区	3.82	2.66	6.48	43.7
	赣榆区	1.19	0.96	2.15	45.0
行政分区	灌南县	0.73	0.94	1.67	48.8
	灌云县	1.09	0.46	1.55	36.9
	东海县	1.54	1.87	3.41	53.5
	赣榆区	1.19	0.96	2.15	45.0
	连云区	0.63	0.18	0.81	35.6
	海州区	0.55	0.16	0.71	35.6
全市		5.74	4.56	10.30	44.7

连云港市频率为20%、50%、75%、95%的水资源可利用总量分别为14.17亿 m^3、9.47亿 m^3、6.56亿 m^3、3.57亿 m^3。连云港市不同频率时的水资源可利用总量计算成果见表3-26。

表3-26 连云港市不同频率时的水资源可利用总量计算成果表

分区		平均值/亿 m^3	不同频率时的水资源可利用总量/亿 m^3			
			20%	50%	75%	95%
水资源分区	沂南区	1.67	2.30	1.53	1.06	0.57
	沂北区	6.48	8.98	5.91	4.06	2.15
	赣榆区	2.15	2.92	2.00	1.41	0.80
行政分区	灌南县	1.67	2.30	1.53	1.06	0.57
	灌云县	1.55	2.21	1.38	0.89	0.42
	东海县	3.41	4.65	3.15	2.21	1.23
	赣榆区	2.15	2.92	2.00	1.41	0.80
	连云区	0.81	1.11	0.75	0.53	0.29
	海州区	0.71	0.97	0.65	0.46	0.26
全市		10.30	14.17	9.47	6.56	3.57

3.1.7 入境、入海水量

入境水量是指从计算分区境外进入境内的总水量，包括引水量和过境水量两个部分。

引水量是指从计算分区境外通过引水工程调引进境内的供水量。过境水量是指进入计算分区的境外天然径流量(含回归水)。

根据《连云港市水资源公报》(2000—2019),全市多年平均入境水量为73.27亿m^3,其中多年平均过境水量为47.06亿m^3,多年平均调引江淮水量为26.21亿m^3;沂南区过境水量最大,占全市过境水量的为70%,沂北区调引江淮水量最大,占全调引江淮水量的76.8%。

全市多年平均出境水量为0.48亿m^3,均在沂北区。全市多年平均入海水量为71.42亿m^3,各区入海水量极不平衡,沂南区多年平均入海水量最大,为41.84亿m^3,占全市入海水量的58.6%;沂北区次之,多年平均入海水量为26.26亿m^3,占全市入海水量的36.8%;赣榆区最小,多年平均入海水量为3.32亿m^3,仅占全市入海水量的4.6%。详见表3-27。

表3-27　连云港市多年平均入境水量统计表　　单位:亿m^3

水资源分区	入境水量			出境水量	入海水量
	过境水量	调引江淮水量	合计		
沂南区	32.91	6.09	39.00	—	41.84
沂北区	13.01	20.12	33.13	0.48	26.26
赣榆区	1.14	—	1.14	—	3.32
全市	47.06	26.21	73.27	0.48	71.42

经过调查,连云港市沂南区过境水基本上通过盐东控制工程排泄入海,可利用率约为3%;沂北区过境水一部分被石梁河水库拦蓄,一部分通过新沂河、蔷薇河、善后河排泄入海,可利用率约为50%;赣榆区过境水主要通过龙王河、青口河进入省境,龙王河下游没有水闸拦蓄,过境水大部分直接入海,青口河来水进入小塔山水库(很少泄洪),大部分可以利用,赣榆区过境水利用率约为52%。

连云港市调引江淮水路线的水利工程比较完善,调水量和调水时机都是可控的,可利用率较高,主要影响因素是沿线的渗漏损失和蒸发损失等输水损失以及洪水期的弃水。根据南水北调沿线水量可利用率研究成果,调引江淮水的可利用率约为85.0%。

通过计算,全市入境水可利用量为30.40亿m^3,可利用率为41.5%。其中调引江淮水可利用量为22.28亿m^3,占总入境水可利用量的73.3%,可利用率约为85.0%;过境水可利用量为8.12亿m^3,占总入境水可利用量的26.7%,可利用率约为17.25%。详见表3-28。

表3-28　连云港市多年平均入境水可利用量统计表　　单位:亿m^3

水资源分区	过境水可利用量	调引江淮水可利用量	合计
沂南区	0.99	5.18	6.17
沂北区	6.54	17.10	23.64
赣榆区	0.59	0.00	0.59
全市	8.12	22.28	30.40

3.2 水环境评价

3.2.1 河流、水库水质

3.2.1.1 河流水质

(1) 评价方法

本次评价确定的项目为水温、pH 值、溶解氧、高锰酸盐指数、化学需氧量、五日生化需氧量、氨氮、总磷、总氮、铜、锌、氟化物、硒、砷、汞、镉、铬、铅、氰化物、挥发酚、石油类、阴离子表面活性剂、硫化物、粪大肠菌群共 24 个项目。饮用水水源区增加硫酸盐、氯化物、硝酸盐氮、铁和锰 5 个限值项目。评价标准为《地表水环境质量标准》(GB 3838—2002)。

评价方法采用单指标评价法,即最差的项目赋全权,确定地表水水质类别。

(2) 评价结果

2019 年对全市 52 条河流进行水质监测。综合评价结果显示,Ⅲ类水的河流 12 条,占 23.1%;Ⅳ类水的河流 30 条,占 57.7%;Ⅴ类水的河流 8 条,占 15.4%;劣Ⅴ类水的河流 2 条,占 3.8%。主要污染项目为氨氮、五日生化需氧量、高锰酸盐指数等。

3.2.1.2 水库水质

(1) 评价方法

水质类别评价参数同河流水质现状评价,富营养化评价参数选取总磷、总氮、高锰酸盐指数、叶绿素 a 和透明度。

营养状态分级为了说明湖泊富营养状态,采用 0～100 的一系列连续数字对湖泊营养状态进行分级:

① $TLI(\sum) < 30$,贫营养;

② $30 \leqslant TLI(\sum) \leqslant 50$,中营养;

③ $TLI(\sum) > 50$,富营养;

④ $50 < TLI(\sum) < 60$,轻度富营养;

⑤ $60 < TLI(\sum) \leqslant 70$,中度富营养;

⑥ $TLI(\sum) > 70$,重度富营养。

其中,$TLI(\sum)$ 表示综合营养状态指数。

(2) 评价结果

全市在 18 座水库设有水质监测断面。综合评价结果显示:Ⅲ类水的水库有 5 座,占 27.8%;Ⅳ类水的水库有 8 座,占 44.4%;Ⅴ类水的水库有 2 座,占 11.1%,劣Ⅴ类水的水库有 3 座,占 16.7%;主要污染项目为五日生化需氧量。富营养化评价结果显示:中营养占 5.6%,轻度富营养占 44.4%,中度富营养占 50.0%。

3.2.1.3 集中式饮用水水源地水质

(1) 评价方法

评价项目:根据当地水质状况,选取 pH 值、溶解氧、高锰酸盐指数、五日生化需氧量、氨氮、氰化物、挥发酚、砷、铜、铅、锌、镉、汞、六价铬、氟化物；湖库增加总磷、总氮；饮用水水源区增加的氯化物、硝酸盐氮、硫酸盐、铁和锰以及毒理性特定项目。

评价标准：《地表水环境质量标准》(GB 3838—2002)，标准值采用地表水环境质量标准基本项目标准限值、集中式生活饮用水地表水源地补充项目标准限值以及集中式生活饮用水地表水源地特定项目标准限值。

评价方法：根据《地表水资源质量评价技术规程》(SL 395—2007)，并对照水质目标对水功能区达标情况进行评价。

采用单因子评价法，评价分为单项评价和综合评价。单项评价是将所选项目对照评价标准确定单项水质类别；综合评价是在单项评价的基础上采用地图重叠法以最不利类别作为断面水质类别。

具体评价时，应包括单项水质项目水质类别评价、单项水质项目超标倍数评价、水质站水质类别评价和水质站主要超标项目评价内容。单项水质项目水质类别应根据该项目实测浓度值与《地表水环境质量标准》(GB 3838—2002)中限值的比对结果确定。当不同类别标准值相同时，应遵循从优不从劣原则。单项水质项目浓度超过《地表水环境质量标准》(GB 3838—2002)中Ⅲ类标准限值的称为超标项目。超标项目的超标倍数应按以下公式计算。水温、pH 值和溶解氧不计算超标倍数。

$$B_i = \frac{C_i}{S_i} - 1$$

式中　B_i——某水质项目超标倍数；

S_i——某水质项目的Ⅲ类标准限值，mg/L；

C_i——某水质项目浓度，mg/L。

水质站水质类别应按所评价项目中水质最差项目的类别确定。水质站主要超标项目的判定方法是将各单项水质项目的超标倍数由高到低排序，列前三位的项目为水质站的主要超标项目。

(2) 评价结果

全市监测集中式饮用水源地 8 个，合格的有 7 个，分别为连云港市蔷薇河蔷薇湖水源地、连云港市沭新渠四营水源地、赣榆区小塔山水库水源地、东海县沭新渠（沭新河）白塔水源地、灌云县叮当河伊山水源地、灌南县北六塘河李集水源地、灌南县硕项湖水源地，合格率为 87.5%。

3.2.1.4　地表水水质变化趋势分析

根据连云港市 2015—2019 年国考、省考水功能区达标率成果，水功能区达标率由 2015 年的 69.8%提高到 2019 年的 86.3%，年均提高 4.1 个百分点，其中 2017 年达标率最高，整体呈上升趋势。优Ⅲ类水占比变化趋势同水功能区达标率变化趋势一致，也呈整体上升趋势。劣Ⅴ类水占比逐年下降，至 2018 年劣Ⅴ类断面消除。连云港市 2015—2019 年国考、省考水功能区达标率成果见表 3-29 和图 3-10。

表 3-29　连云港市 2015—2019 年国考、省考水功能区达标率成果表

年份	水功能区达标率/%	优Ⅲ类水占比/%	劣Ⅴ类水占比/%
2015 年	69.8	53.3	22.1
2016 年	77.3	63.6	13.6

表 3-29(续)

年份	水功能区达标率/%	优Ⅲ类水占比/%	劣Ⅴ类水占比/%
2017 年	90.9	68.2	4.5
2018 年	81.8	63.2	0
2019 年	86.3	72.7	0

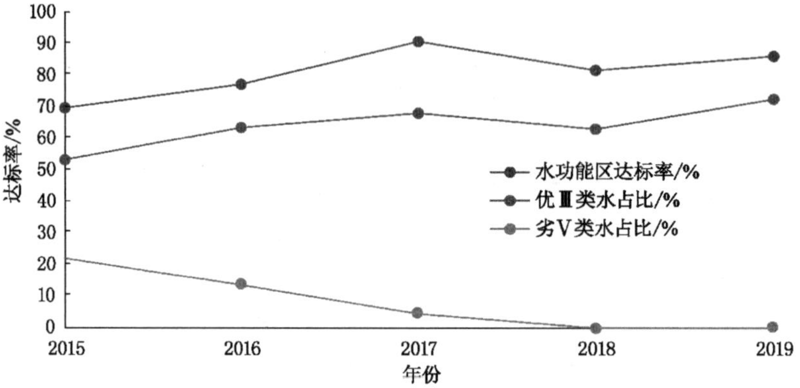

图 3-10　连云港市国考、省考水功能区达标率趋势图

近年来，市委、市政府全面贯彻习近平生态文明思想和关于治水工作的重要论述精神，积极践行“节水优先、空间均衡、系统治理、两手发力”治水思路，全面推行河湖长制，未来地表水环境质量变化趋势会越来越好。

3.2.2　地下水水质

3.2.2.1　地下水化学特性

地下水水质是指地下水的物理、化学和生物学特征和性质。本次地下水水质评价的对象为连云港市浅层地下水。评价内容主要为地下水化学评价、地下水水质现状和地下水污染分析。评价基准年为 2019 年，评价范围选用 37 眼浅层井，其中，沂南区 2 眼、沂北区 22 眼、赣榆区 13 眼。

(1) pH 值

连云港市浅层地下水 pH 值介于 6.5～7.8 之间，平均值为 7.1，为Ⅰ～Ⅳ类水质。最低值 6.5 出现在赣榆区朱汪村，最高值 7.8 出现在沂北区灌云县城区。

(2) 矿化度

连云港市浅层地下水矿化度监测值范围为 0.27～6.62 g/L，平均值为 1.44 g/L。

全市所有山丘区矿化度均小于 1 g/L，平原区矿化度等于 1 g/L 的等值线走向从北向南大致为海头、青口、城南、浦南、锦屏东、伊山东、张店、新安西，平原区矿化度等于 2 g/L 的等值线走向大致为海头东、青口东、城南东、浦南东、海州西、板浦西、白蚬东、响水西，平原区矿化度大于 5 g/L 在大浦—南城—同兴—杨集—长茂一线以东，2 g/L、3 g/L 、5 g/L 的矿化度等值线走向基本平行，2 g/L、5 g/L 的矿化度等值线区间呈狭长条带状，为半咸水地带。越靠近海边矿化度越高，由西向东矿化度从小于 1 g/L 递增到 5 g/L 以上。但浅层地下水与地表水交换频繁区域一般埋深在3～5 m以浅的水体已淡化。

（3）总硬度

连云港市浅层地下水总硬度监测值范围为137～2 002 mg/L，平均值为402 mg/L。总硬度最低值137 mg/L出现在灌南县新安镇龙沟村；最高值2 002 mg/L出现在海州区浦南镇。

连云港市大部分地区为大于350 mg/L的高硬度浅层地下水，仅在青口—墩尚—青湖—西连湾—双店以北地区和伊山为中心的局部地区出现低于350 mg/L的浅层地下水。

（4）氟化物

连云港市浅层地下水氟化物监测值范围为0.15～2.38 mg/L。氟化物最高值2.38 mg/L出现在东海县房山镇草街村。氟化物主要分布在赣榆区海头—青口—城南—墩尚—沙河一线和东海县黄川—牛山—房山一线，呈东北向条带状分布，含量一般大于1.00 mg/L。另外在东海县桃林，赣榆区柘汪，灌云县伊山、河崖等地也有较高含量分布。

东海县、赣榆区中部地区氟含量超标，与地质条件、地形地貌等有一定关系。该地区以西，地貌属于低山丘陵及缓岗地，地势高爽，基岩浅埋或裸露，风化剥蚀作用强，构造裂隙发育，有利于大气降水补给地下水，而后顺地势形成向平原区延伸的地下径流，由于水力坡度大，径流速度也大。该区水化学作用以风化淋滤为主，矿物在氧化、溶解或水解作用下风化解体，导致氟离子进入地下水，并随地下径流迁移。当这种含氟地下水迁移至东海赣榆中部地势低洼、径流不畅地区，地下水被蒸发消耗，而氟离子汇集浓缩，含量升高，富集超标。

（5）水化学类型

地下水的水化学类型选用钾、钠、钙、镁、重碳酸根、氯根、硫酸根、碳酸根等6项监测项目，采用舒卡列夫分类法确定地下水化学类型。

监测资料显示连云港市浅层地下水A型居多，A型浅层水在55个监测因次中出现了32次。其中，$Ca\text{-}HCO_3$占34.4%，Ca＋Mg＋Na-CL型占25%，$Ca+Mg+Na\text{-}HCO_3+CL$型占15.6%，Na-CL型占15.6%，其他占9.4%。B型浅层水在55个监测因次中出现了23次。其中，Na-CL型占34.8%，$Ca+Na\text{-}HCO_3$占30.4%，$Mg+Na\text{-}HCO_3+CL$型占26.1%，$Ca\text{-}SO_4+CL$型占8.7%。

结合矿化度监测数据分析可知：水化学类型为$*\text{-}HCO_3+CL$型的地区矿化度较高，水化学类型为*-CL型的地区尤其明显。这与连云港市东部地层多次遭受海侵的历史状况相符合。

3.2.2.2 地下水水质现状

（1）评价范围及方法

地下水水质评价采用的技术标准为《地下水质量标准》(GB/T 14848－2017)，并将其Ⅲ类水标准值的上限值确定为地下水水质控制标准。

采用单指标评价法确定地下水水质的类别。参评项目包括pH值、氯化物、硫酸盐、总硬度(以$CaCO_3$计)、氨氮、亚硝酸盐氮、硝酸盐氮、高锰酸盐指数、氰化物、砷、挥发酚、六价铬、汞、氟化物共计14项。

（2）评价结果

现有资料显示：连云港市浅层地下水Ⅲ类水质较好的浅层地下水占32%，Ⅳ类浅层地下水占30%，Ⅴ类浅层地下水占38%，如图3-11所示。主要超标项目为氨氮、氯化物、总硬度、高锰酸盐指数，个别地区也出现了亚硝氮、硫酸盐项目的超标。综合分析资料可以看出：连云港市地下水污染主要受人为因素和自然因素影响。由于连云港市历史上多次遭受海侵作用以及低山丘陵地区浅埋基岩和裸露岩石的风化作用使大量矿物溶解到地下水体，导致地下水中的总硬度、氯化物、氟化物等指标超标。随着人类开发利用活动范围的扩大，城市工业化程度的提高，农业施用化学肥料量的增大，大量污染物质渗入地下水中，导致氨氮、亚硝氮、高锰酸盐指数等超标。

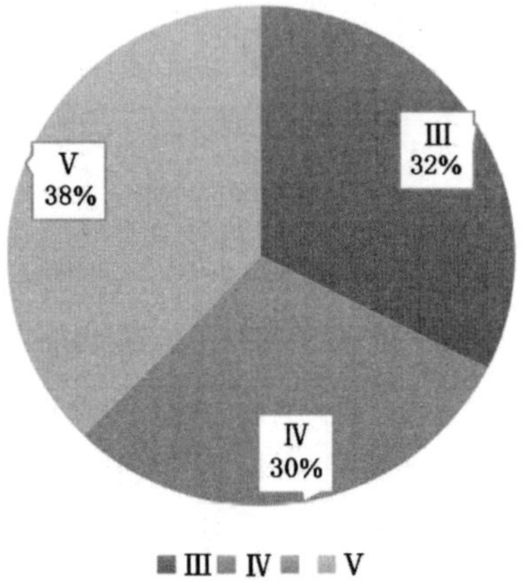

图 3-11　2019 年连云港市地下水水质类别占比图

3.2.2.3　水质变化趋势分析

地下水水质变化趋势分析要求选用的水质监测井在区域上要具有代表性且有 5～10 年的监测资料。连云港市浅层地下水资料多为 10 年左右的资料系列，但是监测井数量太少，有积累资料的测井水质难以代表四级区的水质变化趋势。因此，本次浅层地下水评价仅在四级区中选取个别监测井的资料采用图示法进行水质变化趋势分析，但是不代表整个区域水质变化状况，具体如图 3-12 所示。

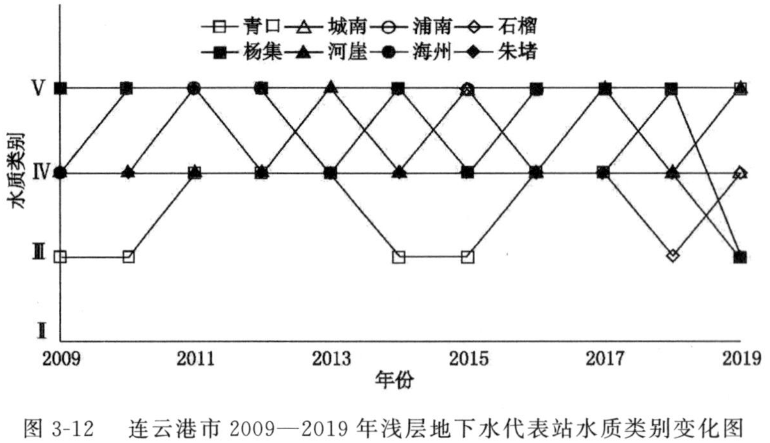

图 3-12　连云港市 2009—2019 年浅层地下水代表站水质类别变化图

选用系列为 2009—2019 年系列资料。选用分析项目为：氯化物、硫酸盐、总硬度、矿化度、总碱度、氨氮、硝氮、高锰酸盐指数和氟化物。前五项指标主要说明自然因素对水质状况的影响,后四项指标主要说明人为因素对水质状况的影响。各分区选用监测井见表 3-30。

表 3-30　各分区选用监测井信息表

四级区	行政区	监测井名称	位置		测井性质
			东经/(°)	北纬/(°)	
赣榆区	赣榆区	青口	119.13	34.84	浅层
		城南	119.10	34.80	浅层
		朱堵	119.01	34.50	浅层
沂北区	东海县	石榴	118.77	34.58	浅层
	灌云县	杨集	119.46	34.31	浅层
		河崖	119.55	34.34	浅层
	海州区	海州	119.08	34.34	浅层
		浦南	119.11	34.64	浅层
沂南区	无资料				

由图 3-12 可以看出:青口水质在Ⅳ～Ⅴ类之间变化,污染物主要是氨氮、高锰酸盐指数、硝酸盐氮、总硬度,水质类别有改善趋势;城南水质在Ⅳ～Ⅴ类之间变化,污染物主要是氟化物、氯化物、总硬度、高锰酸盐指数,水质类别较稳定;浦南水质在Ⅳ～Ⅴ类之间变化,污染物主要是高锰酸盐指数、硫酸盐、硝酸盐氮、氯化物、总硬度,水质类别有恶化的趋势;石榴水质在Ⅳ～Ⅴ类之间变化,污染物主要是总硬度、硝酸盐氮,水质类别较稳定;杨集水质在Ⅲ～Ⅴ类之间变化,污染物主要是高锰酸盐指数、氨氮、氯化物、总硬度,水质类别有改善趋势;河崖水质在Ⅳ～Ⅴ类之间变化,污染物主要是硝酸盐氮、氟化物、总硬度、高锰酸盐指数,水质类别较稳定;海州水质在Ⅲ～Ⅴ类之间变化,污染物主要是氨氮、硝酸盐氮、高锰酸盐指数,水质类别较稳定;朱堵水质在Ⅲ～Ⅴ类之间变化,污染物主要是高锰酸盐指数、硝酸盐氮、氨氮,水质类别有改善趋势。

综合各井分析可知:浅层地下水水质振荡变化,大气降水或其他灌溉水使污染物随水通过非饱水带,周期性地渗入含水层,汛期水质较差,然后又逐渐变好,水质污染方式基本属于间歇入渗型。全市浅层地下水基本以无变化趋势为主。

3.3　水生态评价

3.3.1　生态河流状况评价

3.3.1.1　评价范围

2019 年选取古泊善后、沭新河、东盐河、烧香河 4 条具有代表性的河道开展了生态河流状况评价,4 条代表性河道基本情况见表 3-31。

表 3-31　生态河流评价河道基本情况

流域	河流	起点	讫点	长度/km	河流功能	涉及行政区	评价河长/km	评价段起点	评价段讫点	备注
淮河流域	古泊善后河	沭新河（沭阳水坡）	黄海（善后河闸）	89.9	防洪、治涝、供水、航运	沭阳县、灌云县、连云港市区	44.3	沭阳县、灌云县县界	黄海（善后河闸）	区域性骨干河道
	沭新河	新沂河	蔷薇河	75.7	供水、防洪、治涝、航运	沭阳县、东海县、连云港市区	35.0	蔷北进水闸	蔷薇河	区域性骨干河道
	东盐河	玉带河闸	黄海（新城闸）	24.8	防洪、治涝、供水	连云港市区	12.1	玉带河闸	猴嘴闸	县域重要河道
	烧香河	盐河	黄海（烧香河北闸）	18.9	防洪、治涝、供水、航运	连云港市区	18.9	盐河	黄海（烧香河北闸）	县域重要河道

3.3.1.2　生态河流评价方法与标准

以江苏省地方标准《生态河湖状况评价规范》(DB32/T 3674—2019)为依据，生态河流评价指标体系划分为5类，共13项指标。生态河湖评价采用百分制考核，对每项指标分别进行量化并设定权重，总分按加权平均求得，其中公众满意度不参与评分。

生态河流评价设3个否决项，分别为“集中式饮用水水源地水质达标率”、“水质优劣程度”和“公众满意度”。

“集中式饮用水水源地水质达标率”指标，集中式饮用水水源地出现突发水污染问题、供水危机等水质异常事件，则取消当次评选资格；“水质优劣程度”指标，河流、湖泊(水库)水质评价结果为Ⅴ类及以下，则取消当次评选资格；“公众满意度”指标，公众满意度在75分以下的，则取消当次评选资格。

生态河湖评价结果划分为“优”“良”“中”“差”4级，见表3-32。

表 3-32　生态河湖综合评价标准

指标	分级标准及阈值			
	优	良	中	差
生态河湖总分	[90,100]	[75,90)	[60,75)	[0,60)

符号含义：“[”表示“≥”；“]”表示“≤”；“(”表示“>”；“)”表示“<”。

生态河流评价指标体系和权重见表3-33。

表 3-33 生态河流评价指标体系和权重

指标类型	指标名称	权重	权重(不含集中式饮用水水源地)
水安全	防洪工程达标率	0.07	0.09
	供水水量保证程度	0.06	0.09
	集中式饮用水水源地水质达标率*	0.06	0
	水功能区水质达标率	0.08	0.09
水生物	河流浮游植物多样性	0.07	0.07
	河流着生藻类多样性	0.07	0.07
水生境	生态用水满足程度	0.07	0.07
	水质优劣程度*	0.18	0.18
	河岸带植被覆盖度	0.07	0.07
水空间	岸线利用管理指数	0.10	0.10
	管理(保护)范围划定率	0.07	0.07
	综合治理程度	0.10	0.10
总和		1.00	1.00
公众满意度			

注:有*上标的为否决项指标,其中集中式饮用水水源地水质达标率和水质优劣程度参与评分,公众满意度不参与评分。对于有指标缺失项的河流,将缺失指标的权重平均分给该指标所在指标类型的其他指标。

3.3.1.3 评价结果

2019年对善后河、沭新河、烧香河、东盐河4条河流生态状况进行评价。善后河、沭新河、东盐河的综合评价结果为“良”,烧香河的综合评价结果为“中”。

3.3.2 重点河库生态水位保证率

全市生态水位监测的重点河流13条,分别为蔷薇河、云善河、烧香河、车轴河、界圩河、东门河、柴米河、公兴河、南六塘河、盐河、沂南小河、新沂河南偏泓、鲁兰河,重点水库3座,分别为石梁河水库、小塔山水库、安峰山水库,生态水位保证率均为100%,具体见表3-34。

表 3-34 2019年连云港市重点河库生态保证率成果表

河流(水库)名称	生态水位/m	保证率/%
蔷薇河	0.75	100
云善河	0.50	100
烧香河	0.16	100
车轴河	0.56	100
界圩河	0.03	100
东门河	−0.47	100
柴米河	−1.00	100
公兴河	0.75	100
南六塘河	−0.80	100

表 3-34(续)

河流(水库)名称	生态水位/m	保证率/%
盐河	1.04	100
沂南小河	0.81	100
新沂河南偏泓	0.22	100
鲁兰河	0.67	100
石梁河水库	18.80	100
小塔山水库	25.50	100
安峰山水库	13.50	100

3.4 污染源评价

3.4.1 城镇生活及工业废水

根据调查,2019 年全市水功能区范围内有工业废水排污口 10 个、生活污水排污口 3 个、混合式污废水排污口 36 个,共计 49 个。

根据淮河流域入河排污口监测工作成果进行分析统计:全市 49 个排污口入河污废水量共计 1.66 亿 m^3(其中污水处理厂尾水 0.522 亿 m^3,污水处理率为 31.4%),入河污染物量 COD 为 4.024 万 t、NH_3-N 为 0.412 万 t。

3.4.2 点源污染物

点源污染是指有固定排放点的污染源,在数学模型中常用一点表示以简化计算,如工业废水及城市生活污水,由排放口集中汇入江河湖。本次点源污染物排放量只统计工业及城镇生活污染物排放量。

2019 年,全市城镇生活化学需氧量排放量为 4.227 万 t,氨氮排放量为 0.620 万 t。2019 年,全市工业化学需氧量排放量为 0.965 万 t,氨氮排放量为 0.129 万 t。

3.4.3 工业污染源

根据《2019 年连云港市环境统计年报》,列入环境统计的企业共 377 家。其中,属于《连云港市水污染防治工作方案》中十四大重点行业(造纸、焦化、氮肥、有色金属、印染、农副食品加工、制药、制革、农药、电镀、化工、炼油、酒和酒精制造、石英类)的企业 299 家,其中主要中工业污染源为化工、炼油、酒和酒精制造、制药、石英类,主要分布在市开发区、徐圩新区以及各县区开发区、临港产业区等。

3.4.4 农业污染源

(1) 规模化畜禽养殖

根据连云港市 2019 年环境统计数据,连云港市共有 744 家规模化畜禽养殖场,规模化畜禽养殖场的水污染物 COD 排放量为 6 956.5 t/a、氨氮排放量为 884 t/a。

（2）散养畜禽

结合方案各行政区的散养畜禽品种、数量，参考产排污系数手册，计算方案范围各控制单元的散养畜禽的水污染物（COD、氨氮）排放量，结果见表 3-35、表 3-36。

表 3-35　连云港市农业面污染物 COD 排放量

分区		规模化畜禽养殖/t	分散畜禽养殖/t	水产养殖/t	种植业/t	合计/t
水资源分区	沂南区	546.7	1 558.9	84.9	9 724.9	11 915.4
	沂北区	4 412.2	4 586.3	1 790.8	41 039.4	51 828.7
	赣榆区	1 997.5	2 054.5	512.4	11 028.8	15 593.2
行政分区	灌南县	546.7	1 558.9	84.9	9 724.9	11 915.4
	灌云县	340.7	1 324.8	768.6	10 256.0	12 690.1
	东海县	3 494.3	2 122.0	767.0	20 903.0	27 286.3
	赣榆区	1 997.5	2 054.5	512.4	11 028.8	15 593.2
	连云区	28.9	57.0	125.3	1 284.5	1 495.5
	海州区	548.3	1 082.5	129.9	8 595.9	10 356.8
全市		6 956.4	8 199.7	2 388.1	61 793.1	79 337.3

畜禽养殖曾经是连云港种植业的主要肥料来源，随着化肥的普遍使用和畜禽养殖规模的扩大，产生的粪肥随雨水漫流，成为农村的新的污染源。有的河段养殖废水甚至成为附近水体的主要污染源。

（3）水产养殖

结合方案各行政区的水产养殖品种、面积数据，参考产排污系数手册，计算方案范围各控制单元的水产养殖的水污染物（COD、氨氮）排放量，结果见表 3-35、表 3-36。

表 3-36　连云港市农业面污染物氨氮排放量

分区		规模化畜禽养殖/t	分散畜禽养殖/t	水产养殖/t	种植业/t	合计/t
水资源分区	沂南区	72.3	322.2	1.6	38.9	435.0
	沂北区	590.8	947.9	57.7	164.2	1 760.6
	赣榆区	220.9	424.6	10.8	44.1	700.4
行政分区	灌南县	72.3	322.2	1.6	38.9	435.0
	灌云县	34.9	273.8	25.7	41.1	375.5
	东海县	527.3	438.6	23.1	83.7	1 072.7
	赣榆区	220.9	424.6	10.8	44.1	700.4
	连云区	1.4	11.8	4.4	5.1	22.7
	海州区	27.2	223.7	4.5	34.3	289.7
全市		884	1 694.7	70.1	247.2	2 896

（4）种植业

结合方案各行政区的作物品种、面积数据，参考产排污系数手册，计算方案范围各控制单元的农业种植业的水污染物(COD、氨氮)排放量,结果见表3-35、表3-36。

近年来,连云港市单位面积化肥使用量逐年上升,现达到756 kg/(a·hm^2),高于全省平均水平。其中氮肥占55.2%、磷肥占13.5%,其余为钾肥和微量元素肥。高强度的化肥施用导致氮磷污染流失增加,造成城市河道、湖塘等氮磷浓度提高,已成为水体富营养化的重要根源。农药使用量基本稳定,平均每亩使用量为0.99 kg,主要成分为有机氯、有机磷。

连云港市各分区集约化养殖污染物排放量见表3-35、表3-36。

第 4 章　水资源开发利用评价

4.1　水资源开发利用现状

4.1.1　供水体系

连云港市“双源、双线”的供水体系已形成。按照水资源四级分区，全市可划分为赣榆区、沂北区和沂南区三个分区。

赣榆区现状通过石梁河、小塔山、八条路、红领巾等水库和梯级截洪沟拦蓄上游来水；通过蔷薇河、沭南和沭北航道引江淮水，经朱堵梯级泵站向小塔山水库补水。

沂北区西北部主要通过石梁河、安峰山水库等拦蓄上游来水，经龙梁河连通石梁河、昌黎、大石埠等水库，石安河连通石梁河和安峰山水库，长藤结瓜，互相调补；当水库水源不足时，可通过引淮入石泵站抽提江淮水补充。古泊善后河两岸主要利用叮当河涵洞、盐河涵洞、团结河涵洞引江淮水，利用通榆河引长江水及拦蓄上游的回归水。连云港市区主要利用蔷薇河、通榆河、沭新干渠调引江淮水供给。

沂南区主要通过柴米河、南六塘河、北六塘河、盐河、通榆河等引淮沭河及长江水，灌南县灌北地区主要通过穿新沂河南堤地涵引新沂河水入灌北干渠。

4.1.2　供水工程

据统计，2019 年连云港市各类水源工程 4 429 座(眼)，其中地表水源供水工程 2 988 座，地下水供水工程 1 441 眼。地表水供水工程中，蓄水工程 673 座(含塘坝)，总兴利库容为 6.40 亿 m^3，现状供水能力为 6.07 亿 m^3；引水工程 5 座，调引江淮水能力为 280 m^3/s；提水工程 2 310 座，提水总能力为 18.75 亿 m^3。地下水供水工程中，深层承压地下水井 73 眼，供水能力为 0.166 亿 m^3；浅层地下水井 1 368 眼，供水能力为 0.80 亿 m^3。

连云港市各类水源工程供水规模现状详见表 4-1。

表 4-1　连云港市现状各类水源工程供水能力概况

分区		地表水/亿 m^3			地下水			
					深层		浅层	
		蓄水工程	引水工程	提水工程	水量/亿 m^3	井数/眼	水量/亿 m^3	井数/眼
水资源分区	沂南区	0	25.23	2.44	0.090	58	0.22	101
	沂北区	3.56	59.92	13.81	0.076	15	0.37	157
	赣榆区	2.51	3.15	2.50	0.000	0	0.18	1 110

表 4-1(续)

分区		地表水/亿 m^3			地下水			
					深层		浅层	
		蓄水工程	引水工程	提水工程	水量/亿 m^3	井数/眼	水量/亿 m^3	井数/眼
行政分区	灌南县	0.02	25.23	2.44	0.090	58	0.22	101
	灌云县	0.01	28.38	4.20	0.046	12	0.06	34
	东海县	3.35	12.61	7.56	0.020	2	0.31	123
	赣榆区	2.50	3.15	2.50	0.000	0	0.18	1 110
	连云区	0.08	3.78	0.41	0.000	0	0.00	0
	海州区	0.11	15.14	1.64	0.010	1	0.00	0
全市		6.07	88.30	18.75	0.166	73	0.77	1 368

4.1.2.1 地表水供水

(1) 引水工程

本调查统计的引水工程供水能力主要包括引用上游来水、回归水以及引用江淮水能力。

连云港市用水主要依靠调引江淮水，现状调引江淮水进入连云港市的口门主要有四个，即淮沭新河调水线的吴场水利枢纽和新沂河南偏泓、盐河殷渡及通榆河北延送水工程。吴场水利枢纽由桑墟电站、沭新退水闸和蔷北地涵组成，总供水能力为 110 m^3/s，其中桑墟电站设计供水能力为 25 m^3/s，沭新退水闸设计供水能力为 20 m^3/s，蔷北地涵设计供水能力为 65 m^3/s，由于受上游工程供水能力限制，吴场水利枢纽目前实际供水能力约为 70 m^3/s。新沂河南偏泓送水由沭阳电站和南偏泓闸控制，设计送水流量为 250 m^3/s，现状最大实际供水能力为 140 m^3/s。盐河为苏北地区主要航道，兼有区域排涝功能，河道送水能力较大，供水时可输水 60 m^3/s。通榆河北延送水工程设计对连云港市供水 50 m^3/s。江淮水对连云港市的实际供水能力约为 280 m^3/s。

在各类引水工程中，相对全市整体来说，主要引水工程共计 5 座，主要分布于盐河、通榆河和蔷薇河上，其中灌南县 2 座(灌北泵站、殷渡)、东海县 3 座。

据 2010—2019 年实际引用的上游来水、回归水和江淮水资料分析，全市现状引水工程总能力为 407 m^3/s，其中调引江淮水能力为 280 m^3/s。2019 年全市实际引水量为 81.25 亿 m^3，其中调引江淮水为 16.55 亿 m^3。全市引水工程及引水量现状详见表 4-2。

表 4-2 连云港市引水能力及引水量现状 单位:亿 m^3

分区		引用上游来水、江淮水以及上游回归水能力	2019 年实际引用上游来水、江淮水以及上游回归水总量	2019 年调引江淮水总量
水资源分区	沂南区	25.23	47.82	3.31
	沂北区	59.92	32.49	12.30
	赣榆区	3.15	0.94	0.94

表 4-2(续)

分区		引用上游来水、江淮水以及上游回归水能力	2019 年实际引用上游来水、江淮水以及上游回归水总量	2019 年调引江淮水总量
行政分区	灌南县	25.23	47.82	3.31
	灌云县	28.38	19.71	3.90
	东海县	12.62	2.49	2.49
	赣榆区	3.15	0.94	0.94
	连云区	3.78	3.09	1.18
	海州区	15.14	7.20	4.73
全市		88.30	81.25	16.55

(2) 蓄水工程

蓄水工程主要指把降水形成的径流储蓄起来供生产、生活利用的水利工程。按照全国水资源开发利用调查评价技术大纲的统一规定，蓄水工程主要包括具有一定调节作用的水库和塘坝。据 2019 年资料统计，全市现有大、中、小型水库 167 座，设计总库容为 12.50 亿 m^3，兴利库容为 6.24 亿 m^3。大中型水库 11 座，总库容为 10.91 亿 m^3，占水库蓄水总库容的 87.3%，兴利库容为 5.14 亿 m^3，占水库总兴利库容的 82.4%。

据统计，全市水库及塘坝蓄水工程供水总能力为 6.07 亿 m^3。水资源分区中，供水能力最大的为沂北区(3.56 亿 m^3)，占全市 58.6%；行政分区中，供水能力最大的为东海县(3.35 亿 m^3)，占全市 50.6%；其次为赣榆区(2.50 亿 m^3)，占全市 41.2%。全市水库及塘坝供水工程状况及 2019 年供水量详见表 4-3。

表 4-3　全市蓄水工程(不含河道)供水现状

分区		水库						塘坝		现状供水能力	2019 年供水量
		数量		总库容		兴利库容		数量	兴利库容		
		座	大中型	亿 m^3	大中型	亿 m^3	大中型	个	亿 m^3	亿 m^3	亿 m^3
行政分区	灌南县	0	0	0	0	0	0	0	0	0.018	0.01
	灌云县	0	0	0	0	0	0	29	0.003	0.002	0.00
	东海县	67	9	8.70	7.89	4.36	3.83	241	0.10	3.35	3.07
	赣榆区	79	2	3.56	3.02	1.67	1.31	207	0.05	2.50	1.98
	连云区	9	0	0.10	0	0.09	0	14	0.004	0.082	0.005
	海州区	12	0	0.14	0	0.12	0	15	0.006	0.114	0.01
全市		167	11	12.50	10.91	6.24	5.14	506	0.163	6.066	5.075

(3) 提水工程

提水工程供水量是指利用扬水站从河流、湖泊中直接取水的量。

连云港市现有各种类型的机电排灌站 2 310 座，装机容量为 70 711 kW，提水总规模为 1 054 m^3/s，现状提水总能力为 59.5 亿 m^3/s。2019 年，全市实际提水总量为 6.55 亿 m^3。

全市各县、主城区提水状况详见表 4-4。

表 4-4 连云港市提水工程及提水量现状成果表

分区		数量/座	提水规模/(m^3/s)	装机容量/kW	现状供水能力/亿 m^3	2019 年实际提水总量/亿 m^3
水资源分区	沂南区	132	131	5 564	2.44	0.87
	沂北区	1 827	876	58 738	13.81	4.11
	赣榆区	351	47	6 409	2.5	1.57
行政分区	灌南县	132	131	5 564	2.44	0.87
	灌云县	1 281	264	6 123	4.2	1.39
	东海县	59	493	41 461	7.56	1.69
	赣榆区	351	47	6 409	2.5	1.57
	连云区	13	23.8	2 230.8	0.41	0.29
	海州区	474	95.2	8 923.2	1.64	0.74
全市		2 310	1 054	70 711	18.75	6.55

4.1.2.2 地下水源供水工程

地下水源供水工程是指利用地下水的水井工程，包括浅层水井工程和深层承压水井工程两类，其中浅层水井主要为农田灌溉，深层井主要为生活和工业供水。据调查，2019 年全市地下水源供水工程共计约 1 441 眼，供水能力为 0.964 亿 m^3，2019 年实际供水量为 0.089 亿 m^3。全市各县、主城区及水资源四级区地下水供水工程状况详见表 4-5。

表 4-5 连云港市地下水源供水工程状况

分区		浅层地下水			深层承压水			合计		
		数量/眼	供水能力/亿 m^3	2019 年供水量/亿 m^3	数量/眼	供水能力/亿 m^3	2019 年供水量/亿 m^3	数量/眼	供水能力/亿 m^3	2019 年供水量/亿 m^3
水资源分区	沂南区	101	0.22	0.020	58	0.090	0.008	159	0.305	0.028
	沂北区	157	0.371	0.033	15	0.076	0.007	172	0.447	0.040
	赣榆区	1 110	0.18	0.021	0	0.000	0.000	1 110	0.179	0.021
行政分区	灌南县	101	0.215	0.020	58	0.090	0.008	159	0.305	0.028
	灌云县	34	0.068	0.019	12	0.046	0.005	46	0.108	0.024
	东海县	123	0.309	0.014	2	0.020	0.001	125	0.329	0.015
	赣榆区	1110	0.179	0.021	0	0.000	0.000	1 110	0.179	0.021
	连云区	0	0	0.000	0	0.000	0.000	0	0.000	0.000
	海州区	0	0	0.000	1	0.010	0.001	1	0.010	0.001
全市		1 368	0.771	0.074	73	0.166	0.015	1 441	0.931	0.089

4.1.2.3 其他水源供水工程

其他水源供水工程包括污水处理回用、海水利用等供水工程。

根据连云港市2019年环境统计年报，共有44家污水处理设施，现状(设计)污水处理能力约为51.4万 m^3/d。实际上，由于老城区污水管网老旧，新管网建设滞后，现状收集处理的污水约35.4万 m^3/d，占处理能力的69%。

目前，只有主城区部分污水处理厂实现了污水深度处理后回用，在开发区、沿海工业集中区、港口物流区开始推广实施，以市政绿化冲洗、码头、堆场等用水为主，中水回用工程规模很小。2019年实现再生水回用工程规模约6.0万 m^3/d。

2019年，全市海水淡化利用供水工程还没有兴建。海水淡化为国家鼓励的水资源利用方式，目前海水淡化技术日趋成熟，成本逐年下降。随着海水淡化技术的不断改进，连云港市应适时进行海水淡化利用。

4.1.2.4 自来水供水工程

据2019年资料分析，连云港市日取水规模超过1万 m^3/d 的自来水厂共计16座，按四级区来说，沂南区3座、沂北区9座、赣榆区4座；按县、区来说，灌南县3座、灌云县3座、连云区1座、海州区3座、东海县2座、赣榆区4座。全市县城以上城镇自来水厂综合生产能力为127万 m^3/d。连云港市2019年各县区以上城镇自来水厂设计生产能力状况详见表4-6。

表4-6 连云港市2019年县城以上城镇自来水厂生产能力

分区		区域自来水供水规模/(万 t/日)
水资源分区	沂南区	16
	沂北区	93
	赣榆区	18
行政分区	灌南县	16
	灌云县	20
	东海县	15
	赣榆区	18
	连云区	15
	海州区	40
全市		127

全市县城以上自来水供水工程中，以江淮水为水源地的有灌南县、灌云县、主城区、东海县，总供水规模为109万 m^3/d，占全市供水工程总规模的85.8%；以水库为水源地的有赣榆区，总供水规模为18万 m^3/d，占全市供水工程总规模的14.2%。

4.1.2.5 自备水源供水状况

自备水源供水工程是指企事业单位、工矿企业为保障生产、生活用水而自行兴建的直接供水工程。

2019年，连云港市自备水源总量为0.751亿 m^3，从水资源分区角度分析，自备水源总量最大的为沂北区(0.539亿 m^3)，占全市自备水源总量的71.8%，行政分区中，自备水源总量最大的为主城区(0.404亿 m^3)，占全市自备水源总量的53.8%。见表4-7。

全市自备水源超过0.01亿 m^3 的有13家，合计0.634亿 m^3，占全市自备水源的84.4%，见表4-8。

表 4-7　连云港市自备水源成果统计表

分区		自备水源总量/亿 m^3
水资源分区	沂南区	0.124
	沂北区	0.539
	赣榆区	0.088
行政分区	灌南县	0.124
	灌云县	0.107
	东海县	0.028
	赣榆区	0.088
	连云区	0.232
	海州区	0.172
全市		0.751

表 4-8　连云港市自备水源(≥0.01 亿 m^3)的单位统计表

序号	单位名称	年取水规模/亿 m^3	水源类型
1	连云港碱业有限公司	0.165	地表水
2	江苏新海发电有限公司	0.105	地表水
3	罗盖特(中国)精细化工有限公司	0.079	地表水
4	连云港兴鑫钢铁有限公司	0.062	地表水
5	江苏镔鑫钢铁集团有限公司	0.126	地表水
6	连云港亚新钢铁有限公司	0.078	地表水
7	华能灌云热电有限责任公司	0.035	地表水
8	连云港晨兴环保产业有限公司	0.027	地表水
9	连云港亚邦供热有限公司	0.018	地表水
10	江苏省苏云水产养殖有限公司	0.017	地表水
11	连云港市工投集团利海化工有限公司	0.013	地表水
12	东海县龙源生物质发电有限公司	0.010	地表水
合计		0.735	

据统计，地表水是连云港市供水的主要水源，占全市供水能力的 99.2%，地下水供水能力只占全市的 0.8%。地表水中，引水供水能力占地表水供水能力的 78.1%，提水供水能力占地表水供水能力的 16.6%，蓄水供水能力占地表水供水能力的 5.3%。连云港市各现状供水规模详见表 4-9。

表 4-9　连云港市现状供水格局成果表

分区		地表水/亿 m^3				地下水/亿 m^3			合计/亿 m^3
		蓄水工程	引水工程	提水工程	合计	深层	浅层	合计	
水资源分区	沂南区	0.02	25.23	4.2	29.45	0.09	0.22	0.31	29.76
	沂北区	3.56	59.92	6.99	70.47	0.05	0.4	0.45	70.92
	赣榆区	2.5	3.15	7.56	13.21	0	0.18	0.18	13.39
行政分区	灌南县	0.02	25.23	4.2	29.45	0.09	0.22	0.31	29.76
	灌云县	0.01	28.38	3.31	31.7	0.05	0.06	0.11	31.81
	东海县	3.35	12.61	1.47	17.43	0	0.31	0.31	17.74
	赣榆区	2.5	3.15	7.56	13.21	0	0.18	0.18	13.39
	连云区	0.08	3.78	0.44	4.3	0	0.01	0.01	4.31
	海州区	0.11	15.14	1.77	17.02	2	0.03	2.03	19.05
全市		6.08	88.3	18.75	113.13	0.14	0.8	0.93	114.06

4.1.3　供水量

4.1.3.1　2019 年供水量

2019 年连云港市实际总供水量为 28.26 亿 m^3，其中地表水源供水量为 28.17 亿 m^3，占总供水量的 99.7%；地下水源供水量为 0.09 亿 m^3，占总供水量的 0.3%。

2019 年连云港市各分区实际供水量情况详见表 4-10。

表 4-10　连云港市 2019 年实际供水量

分区		地表水/亿 m^3	地下水/亿 m^3	合计/亿 m^3
水资源分区	沂南区	4.182	0.028	4.21
	沂北区	19.499	0.041	19.54
	赣榆区	4.489	0.021	4.51
行政分区	灌南县	4.182	0.028	4.21
	灌云县	5.256	0.024	5.28
	东海县	7.255	0.015	7.27
	赣榆区	4.489	0.021	4.51
	连云区	2.099	0.001	2.10
	海州区	4.889	0.001	4.89
全市		28.17	0.09	28.26

注：中水回用量不计入供水量。

4.1.3.2　供水变化趋势

（1）供水总量

根据 2000 年至 2019 年供水资料分析，2019 年全市的供水总量比 2000 年增加了 5.78 亿 m^3，年均增长率为 1.21%。地表水是反映供水变化的主要水源，2019 年全市地表水供水总量为 28.17 亿 m³，比 2000 年增加了 6.44 亿 m³，年均增速为 1.38%。地表水的变化与总供水量的变化一致。同期地下水供水量则呈下降趋势，2000 年地下水开采量达到顶峰，随着局部地区深层地下水超采现象发生，盲目开采得到控制，2019 年全市地下水开采总量减少到 0.09 亿 m³，比 2000 年下降了 0.66 亿 m³，年均降速为 10.56%。全市 2000—2019 年供水趋势情况详见表 4-11 和图 4-1。

表 4-11　连云港市 2000—2019 年供水趋势成果表

年份	地表水源		地下水源		总量/亿 m³	年均增长率/%
	供水量/亿 m³	年均增长率/%	供水量/亿 m³	年均增长率/%		
2000 年	21.73	—	0.75	—	22.48	—
2005 年	21.96	0.21	0.71	−1.09	22.67	0.17
2010 年	24.49	2.20	0.69	−0.57	25.18	2.12
2015 年	26.69	1.74	0.64	−1.49	27.33	1.65
2019 年	28.17	1.36	0.09	−38.76	28.26	0.84
2000—2019 年		1.38		−10.56		1.21

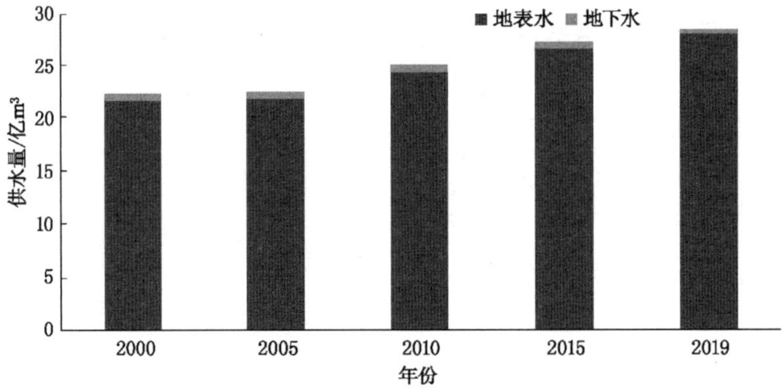

图 4-1　连云港市 2000—2019 年供水组成及趋势图

4.1.4　用水量

4.1.4.1　2019 年用水量

2019 年连云港市总用水量 28.26 亿 m³，其中生产用水 25.52 亿 m³，占总用水量的 90.3%；居民生活用水 2.11 亿 m³，占总用水量的 7.5%；生态环境用水 0.63 亿 m³，占总用水量的 2.2%。伴随着经济社会格局的变化，水资源利用格局也随之发生变化。农业灌溉仍是第一用水大户，用水量随着降水丰枯呈波动变化，见表 4-12。

生产用水按照产业结构划分，第一产业用水 22.77 亿 m³，占生产用水的 89.2%，其中农田灌溉用水 20.26 亿 m³，占第一产业用水的 89.0%；第二产业用水 2.12 亿 m³，占生产用水的 8.3%；第三产业用水 0.63 亿 m³，占生产用水的 2.5%。

表 4-12　连云港市 2019 年用水量统计表

分区		生活/亿 m^3	生产/亿 m^3	生态环境/亿 m^3	合计/亿 m^3
水资源分区	沂南区	0.28	3.87	0.06	4.21
	沂北区	1.39	17.68	0.47	19.54
	赣榆区	0.44	3.97	0.10	4.51
行政分区	灌南县	0.28	3.87	0.06	4.21
	灌云县	0.35	4.91	0.05	5.31
	东海县	0.43	6.79	0.05	7.27
	赣榆区	0.44	3.97	0.10	4.51
	连云区	0.15	1.83	0.09	2.07
	海州区	0.46	4.15	0.28	4.89
全市		2.11	25.52	0.63	28.26

4.1.4.2　用水水平分析

全市人均用水量为 626.5 m^3，万元地区生产总值用水量为 90.0 m^3（较 2015 年下降 28.9%），万元工业增加值用水量为 17.7 m^3（较 2015 年下降 43.5%），农田灌溉亩均用水量为 433.0 m^3，农田灌溉水利用系数为 0.603。连云港市 2019 年用水指标统计见表 4-13。

表 4-13　连云港市 2019 年用水指标统计表

分区		单位国内生产总值用水量/（m^3/万元）	单位工业增加值用水量/（m^3/万元）	农田灌溉水利用系数
水资源分区	沂南区	110.3	16.0	0.606
	沂北区	91.5	18.6	0.603
	赣榆区	72.4	15.5	0.604
行政分区	灌南县	110.3	16.0	0.606
	灌云县	147.0	10.3	0.605
	东海县	138.1	21.0	0.602
	赣榆区	72.4	15.5	0.604
	连云区	32.3	14.8	—
	海州区	80.4	34.9	0.602
全市		90.0	17.7	0.603

4.1.4.3　用水变化趋势分析

（1）用水总量变化趋势

据 2000 年至 2019 年用水量资料分析，2019 年全市的用水总量比 2000 年增加了 5.78 亿 m^3，年均增长率为 1.21%。全市用水量整体平稳上升，其中 2005 年至 2015 年用水量增长较快，年平均增长率为 1.59%。2000 年以来全市用水变化趋势如图 4-2 所示。

（2）用水水平变化趋势

2019 年全市万元 GDP 用水量为 90 m^3，较 2000 年下降了 812 m^3；2000—2019 年，年均

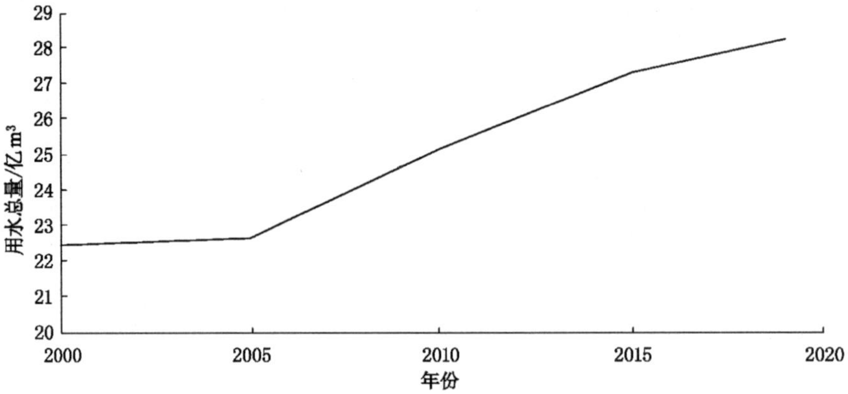

图 4-2　连云港市用水量变化趋势图

降速为 11.4%,2010—2015 年降速最大,为 14.3%。2019 年全市万元工业增加值用水量为 17.7 m^3,较 2000 年下降了 220.4 m^3;2000—2019 年,年均降速为 12.8%,其中 2005—2010 年降速最大,为 19.4%。万元 GDP 用水量、万元工业增加值用水量呈逐年下降趋势,具体见表 4-14、图 4-3。

表 4-14　连云港市万元 GDP 和万元工业增加值用水量成果表

年份	万元 GDP 用水量 /m^3	万元 GDP 用水量年均增速/%	万元工业增加值用水量/m^3	万元工业增加值用水量年均增速/%
2000	902	—	238.1	—
2005	457	−12.7	208.2	−2.7
2010	211	−14.3	70.8	−19.4
2015	126	−9.8	31.3	−15.0
2019	90	−8.1	17.7	−13.3
2000—2019	—	−11.4	—	−12.8

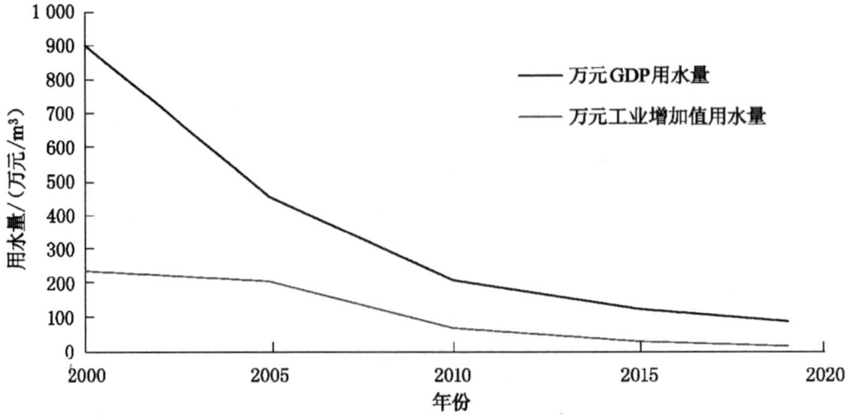

图 4-3　连云港市万元 GDP 用水量和万元工业增加值用水量趋势图

自 2012 年连云港市开展农田灌溉水有效利用系数测算工作，2019 年全市农田灌溉水利用系数为 0.603，较 2012 年提高了 0.053，年均提高 0.008，年均增速为 1.3%，呈逐年增长趋势，具体如图 4-4 所示。

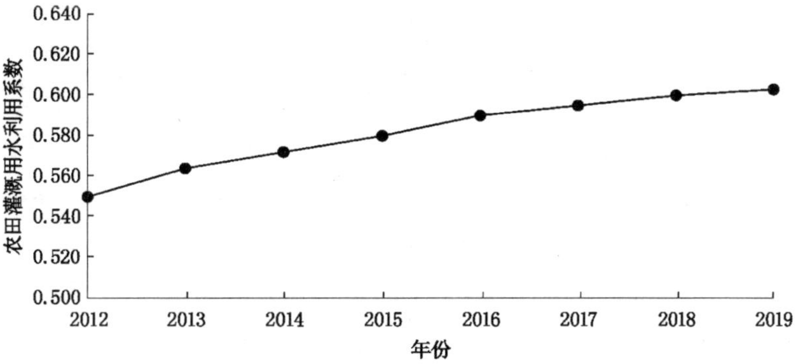

图 4-4　连云港市农田灌溉水有效利用系数趋势图

(3) 用水结构变化趋势

根据调查资料，结合连云港市 2000—2019 年水资源公报资料分析，全市生活用水(含城镇公共用水)、工业生产和农业用水的结构发生了显著变化，具体见表 4-15。

表 4-15　连云港市用水结构变化状况表

年份	生活(含城镇公共用水)用水占比/%	工业用水占比/%	农业用水占比/%
2000	7.30	10.32	82.38
2005	7.72	11.20	81.08
2010	9.81	9.42	80.78
2015	10.75	9.18	80.07
2019	12.52	6.90	80.58

随着居民生活水平提高，生活用水量不断增加，生活用水占比从 2000 年的 7.30%增长到 12.52%，年均增长 0.3 个百分点，生活用水占比呈现明显的增长趋势。随着工业技术水平和节水水平的提高，工业用水所占比从 2005 年开始呈下降趋势。2005—2019 年，年均下降 0.3 个百分点；农业用水受到降水影响而呈浮动变化，但整体呈下降趋势。

(4) 用水消耗量

2019 年，全市用水消耗总量为 18.50 亿 m^3，综合耗水率为 65.5%。各水资源分区中耗水量最大的是沂北区(12.72 亿 m^3)，占总耗水量的(68.8%)，耗水率最低的是赣榆区(64.9%)。各行政分区中耗水量最大的是东海县(4.91 亿 m^3)，占总耗水量的 26.5%，耗水率最低的是连云区(52.7%)。2019 年连云港市耗水量统计见表 4-16。

表 4-16　2019 年连云港市各行政分区耗水量统计表

分区		耗水量/亿 m^3	耗水率/%
水资源分区	沂南区	2.85	67.7
	沂北区	12.72	65.1
	赣榆区	2.93	64.9
行政分区	灌南县	2.85	67.7
	灌云县	3.65	68.8
	东海县	4.91	67.5
	赣榆区	2.93	64.9
	连云区	1.09	52.7
	海州区	3.07	62.8
全市		18.50	65.5

4.2　水资源开发利用程度

4.2.1　水资源耗水率

水资源耗水率是指用水消耗量占用水量的百分比。其中用水消耗量是指在输水、用水过程中，通过蒸腾蒸发、土壤吸收、产品吸附、居民和牲畜饮用等多种途径消耗掉，而不能回归到地表水体和地下含水层的水量。

2019 年，全市用水综合耗水率为 65.5%。农田灌溉耗水率为 72.0%，林牧渔畜耗水率为 75.4%，工业耗水率为 19.9%，居民生活耗水率为 37.1%，城镇公共与环境耗水率为 59.9%，各分区耗水率见表 4-17。

4.2.2　地表水资源开发利用率

地表水资源开发利用率是指地表水源供水量占地表水资源量的百分比，该指标主要用以反映和评价区域内地表水资源总量的控制利用情况。连云港市地表水主要利用的是调引江淮水和过境水。因此，结合实际情况，本次计算中的地表水资源量指本地地表水资源量、调引江淮水资源量与过境水之和。

2019 年，连云港市地表水资源开发利用率为 31.3%，水资源分区中地表水资源开发利用率最高的是赣榆区(72.8%)，其次是沂北区(46.0%)；行政分区中地表水资源开发利用率最高的是赣榆区(72.8%)，最小的是灌南县(10.1%)。连云港市各行政分区 2019 年地表水资源开发率计算成果见表 4-17。

表 4-17　连云港市 2019 年水资源开发利用率成果表

分区		地表水资源开发利用率/%	地下水资源开发利用率/%	水资源开发利用率/%
水资源分区	沂南区	10.1	2.15	9.9
	沂北区	46.0	1.11	44.4
	赣榆区	72.8	1.53	65.7
行政分区	灌南县	10.1	2.15	9.9
	灌云县	40.6	3.81	39.5
	东海县	64.6	0.58	59.2
	赣榆区	72.8	1.53	65.7
	连云区	25.3	0.40	25.0
	海州区	19.5	0.45	19.4
全市		31.3	1.42	30.3

4.2.3　地下水资源开发利用率

地下水资源开发利用率是指地下水源供水量占地下水资源的百分比，该指标主要用于反映和评价区域内地下水资源总量的控制利用情况。连云港市地下水源供水主要是指浅层地下水，因此只计算浅层地下水的开发利用率。

2019 年，连云港市浅层地下水资源开发利用率约为 1.42%，各水资源分区浅层地下水资源开发利用率在 1.11%～2.15%之间，开发程度比较低；行政分区中浅层地下水资源开发利用率在 0.40%～3.81%之间，开发程度较低。

4.2.4　水资源开发利用率

水资源开发利用率是指水源供水总量占水资源总量的百分比，该指标主要用于反映和评价区域内水资源总量的控制利用情况。结合连云港市实际情况，本次水资源总量是指本地地表水资源量、调引江淮水资源量、过境水量、浅层地下水量之和。

2019 年，连云港市水资源开发利用率约为 30.3%，各水资源分区水资源开发利用率在 9.9%～65.7%之间，开发利用率最小的是沂南区(9.9%)，最高的是赣榆区(65.7%)；行政分区中水资源开发利用率在 9.9%～65.7%之间，开发利用率最小的是灌南县(9.9%)，最高的是赣榆区(65.7%)。全市各县区水资源开发程度差异较大，主要原因是各县区的过境水量和调引江淮水量差异较大。

4.3　水资源开发利用趋势

经济社会的持续发展，用水量持续增长，用水水平不断提高，用水结构不断变化，水资源开发利用的演变情势主要表现在以下几个方面。

4.3.1　用水总量持续增长

据 2000 年至 2019 年用水量资料分析，2019 年全市的用水总量比 2000 年增加了 5.78

亿 m^3,年均增长率为1.21%。全市用水量整体平稳上升,其中2005年至2015年用水量增长较快,年均增长率为1.59%。

4.3.2 用水水平不断提高

2019年全市万元GDP用水量为90 m^3,较2000年下降了812 m^3;2000—2019年,年均降速为11.4%,2010—2015年降速最大,为14.3%。万元GDP用水量呈逐年下降趋势。

2019年全市万元工业增加值用水量为17.7 m^3,较2000年下降了220.4 m^3;2000—2019年,年均降速12.8%,其中2005—2010年降速最大,为19.4%。万元工业增加值用水量呈逐年下降趋势。

2019年全市农田灌溉水利用系数为0.603,较2012年提高了0.053,年均提高0.008,年均增速1.3%,呈逐年增长趋势。

4.3.3 用水结构变化较大

2000—2019年,全市生活用水(含城镇公共用水)、工业生产和农业用水的结构发生了显著变化。随着人们生活水平的提高,生活用水量不断增加,生活用水占比从2000年的7.30%增长到12.52%,年均增长0.3个百分点,生活用水占比呈现明显的增长趋势。随着工业技术水平和节水水平的提高,工业用水所占比从2005年开始呈下降趋势,2005—2019年,年均下降0.3个百分点。农业用水受到降水影响而呈浮动变化,但是整体呈下降趋势。

4.4 水资源开发利用特点及存在的问题

4.4.1 水资源开发利用特点

(1) 主要依靠调引江淮水

全市用水量主要依靠调引江淮水,全市多年平均调引江淮水26.21亿 m^3,占全市总供水量的80%以上。

(2) 非常规水源利用率不高

目前仅有主城区部分污水处理厂实现了污水深度处理后回用,海水淡化、雨水收集利用等未全面开展,非常规水源利用率不高。

(3) 雨洪资源利用率不高

本地地表水资源利用率不到三成,过境水利用率仅一成多,雨洪资源利用率不高。

4.4.2 水资源开发利用存在的问题

(1) 快速增长的用水需求与供水能力不适应

全市产业将快速发展,用水需求量不断增长。随着经济社会的发展,特别是徐圩新区的快速发展,用水需求量将不断增加。区域供水不平衡,供水体系存在短板。徐圩新区送水工程调引的江淮水是徐圩新区唯一水源。由于调水线路长,沿线取水口门众多,尤其在农灌高峰期常出现农灌争水的现象,供水保证率不足。地区水源结构不合理,应对突发问题时解决能力不足。连云港市处于供水系统的末梢,江淮水的供应存在一定不确定性,枯水季节会出现不同程度的用水紧张。

(2) 水资源高效利用的可持续模式尚未建立

水资源利用效率不高，节水水平整体较低。连云港市农业用水占总用水量的 80%左右，2019 年，全市农业灌溉水利用系数为 0.603，相对全省农田灌溉水有效利用系数 0.614 还有一定差距；2019 年连云港市万元 GDP 用水量为 90 m^3，约是全省万元 GDP 用水量的 2 倍，水资源利用效率需进一步提高。非常规水源利用不足，水资源配置需优化。连云港市用水主要依靠调引江淮水，水资源配置主要为地表水、地下水，现状再生水回用率较低，海水及雨水等非常规水源未能得到有效利用，水资源配置存在优化空间。

(3) 水生态环境与经济社会发展不协调

人类活动影响河流生态系统，水环境问题依然存在。截至 2019 年，全市国考、省考断面达标率较规划目标依然有差距，各乡镇虽然已经建立生活污水集中处理设施，但是污水收集率不高，水环境仍面临较大压力。局部地区仍是地下水超采区，需进一步治理与修复。连云港市灌云县、灌南县局部地区仍是地下水超采区，需进一步加强地下水超采治理与修复。

(4) 部分区域饮用水水源地仍存在风险

连云港市水源地达标建设已经全面完成，但是局部地区水源仍存在风险。

徐圩新区善后河水源地，每年夏季善后河水质受上游灌溉回归水的影响较大，水质无法稳定达标。灌云县叮当河水源地。汛期降雨时，叮当河西岸塘沟河、上岭河、小清河等支流污染物进入叮当河，导致超标现象时有发生，水质不稳定。灌云县应急备用水源地伊云湖。调蓄库容较小，不能满足未来灌云县发展要求。灌南县北六塘河饮用水源地，受汛期行洪影响，水质无法稳定达标。

4.5　水资源管理现状评价

4.5.1　管理能力现状

(1) 组织机构

连云港市水利局为连云港市水行政主管部门，各县水利局、水务局、区水利局在市局归口指导下负责各行政区水利工作。

区域水资源管理由市水利局内设水资源部门具体负责、统一管理，主要有 3 个：水资源处、节约用水管理中心、水政监察支队；各直属单位、县区均设有水资源科、水政大队(科、股)等相关部门开展水资源管理工作。

(2) 人员结构

基本形成了一支结构相对合理、素质较好的水资源管理队伍。市局水资源处从业人员 5 名，节约用水管理中心 4 名，水政监察支队从业人员 12 名，各人员均为本科以上学历；其他各管理处及县区水利部门，水资源管理人员约 150 人，均为大专以上学历。

(3) 职责分工

市、县、区水利(农水、水务)局水资源管理部门扎口管理辖区内的水资源开发、配置、节约、保护及规费征收、日常管理、执法监督等工作。主要职责包括：

① 负责辖区内地表水和地下水的统一管理、保护和监督工作；

② 负责全市计划用水、节约用水工作；

③ 组织实施取水许可和水资源费征收；

④ 拟定水资源相关规划和水量分配方案；

⑤ 实施饮用水源地和水功能区监督管理、水域纳污总量控制；

⑥ 对地表水和地下水的水位、水量、水质进行监测，审定水域纳污能力，提出限制排污总量意见；

⑦ 与有关部门共同做好入河(湖)排污口设置的审核审批工作；

⑧ 发布区域水资源公报、地下水监测报告；

⑨ 负责拟定水资源法制建设规划，研究提出与水资源法规配套的规范性文件和政策；

⑩ 指导水行政执法工作；

⑪ 承办行政复议、行政诉讼应诉及普法宣传教育工作。

除东海县外，连云港市其他地区均未实现水务一体化管理，供水、排水、污水处理及回用等管理职能由城建部门承担。

(4) 资金保障

水资源管理事业经费和从业人员经费分所属地区财政拨款、单位自筹自支两种；开展相关科学研究和规划，委托有关部门进行水质、水量监测等专题工作列入部门年度财政预算；推广节水器具使用，节水型单位创建等，经费主要来自单位自筹和政府补贴。

(5) 监控体系

加强取水、排水、入河库排污口的计量监控设施建设管理，基本完成主城区自备水企业计量设施更新改造；先后完成新海电厂淮海工学院、江苏核电、连云港碱厂、江苏新海发电有限公司、市县行政中心办公大楼以及政府部分单位的水平衡测试；全面完成了江苏省水资源管理信息系统一期、二期工程连云港市分部工程、配套工程。

落实水资源管理信息系统运行维护管理办法的具体规定，逐步建立完善水资源管理数据库平台、管理业务系统和辅助决策支持系统，规范建设与运行模式。全市重点自备水企业均接入省水资源管理信息系统，实时监测水量占全市工业取水量的95%以上。

合理布设水量、水质监测站网，科学确定监测频次。跨市界水域基本有水量控制站，重要水利设施处建有水文站，地表水水功能区、集中式饮用水源地监测覆盖率为100%；逐年开展入河排污口调查监测工作。

4.5.2 制度体系现状

(1) 法律法规

根据国家、省有关水法规，结合连云港市实际情况，先后颁布实施了一批地方政府规范性文件，包括《连云港市水资源管理实施办法》《连云港市水利工程管理办法》《连云港市石梁河水库管理暂行办法》《连云港市创建节水型城市实施意见》《连云港市城市节约用水管理办法》《连云港市水行政许可实施办法》《关于实行最严格水资源管理制度的实施意见》等，但地方性法规、单行条例等尚属空白。

(2) 监管体制

综合监管：推进河湖长制，实施全市流域骨干河道河长制管理，定期检查各县区河长制工作落实情况。

水功能区监管：以水功能区为单元，核定水域纳污能力，提出区域污染物入河限排意见；开展全覆盖监测，逐月发布水功能区水质通报，把水功能区达标率作为实行最严格水资源管理制度的重要考核内容。

入河排污口监管：与环保部门规范设置论证和申请、审批程序，对不符合规定要求的入河排污口一律不予批准；开展排污口普查登记，对主要入河排污口进行监测，完成《连云港市入河排污口整合规划》，提出整治方案。

水生态监管：研究制定完成《连云港市水生态调水实施方案》，规定每月月底实施生态调水，加快推进全市水生态文明建设，完成全市重要水功能区保护范围划定工作，进一步明确水功能区周边限制开发区、控制开发区和生态涵养区。

水源地监管：开展市级及三县一区水源地达标建设，力争尽快完成并通过省级验收；推进备用水源建设，进一步保障饮用水安全。

(3) 应急机制

建立健全重大水事件应急机制，编制《连云港市防汛防旱应急预案》《连云港市防御台风应急预案》《连云港市集中式饮用水源突发污染事件应急预案》等多项市、县区应急预案，从组织体系与责任、信息传递、应急响应、保障措施，以及应急监测和水利工程调度等多个方面做出了明确规定，水事件应急工作机制基本形成。

(4) 行政执法

围绕依法行政、依法治水制定了一批水资源执法的政府规范性文件。加大执法力度，依法查处违反取水许可、入河排污口设置、饮用水水源地保护等规定的各类违法行为，营造水资源管理良好秩序和社会环境。

(5) 监测经费

开展水量、水质日常监测和应急监测，经费支出列入市水利局年度部门预算。

4.5.3　现状管理存在的问题

(1) 水资源管理信息化水平有待提升

目前虽已完成全省水资源管理信息系统一期工程，建成了连云港市分部工程、配套工程，但仍需要进一步加强水资源管理数据归集，逐步建立健全数据库平台、业务管理系统和辅助决策支持系统，提升全市水资源管理信息化管理水平。

(2) 水资源监测能力需进一步强化

连云港市水库、平原河网、山丘河流、感潮河流等各类水域及调提蓄拦等水利工程众多，兼之降水时空分布不均、台风、海潮等气候因素，水资源特征复杂，监控难度大。现阶段主要针对大型水体、重要敏感水体等进行监测，还无法全面掌握区域水资源要素特征，尤其是入境水量、入海水量等要素，站网布设、监测基础设施及技术装备配备尚显不足，与“水利行业强监管”的总基调不符。为具体实施区域最严格水资源管理制度考核，还需扩大各类站网覆盖、提升基础设施和装备质量。

(3) 人才队伍建设需要进一步加强

目前，基本形成了一支结构相对合理、素质较高的水资源管理队伍，但是缺少高层次水资源方面的人才，制约了水资源高质量管理水平的进一步提高。全市从事水资源管理人员专业结构较为单一，应加强引进水文水资源、水利水电、环境工程、农学、法律等专业的人才。

（4）水资源重视程度需进一步增强

水资源在人们的日常生活中占据重要地位，更是各类生产活动必备条件，水是人们赖以生存的关键资源。但是部分地方并没有重视水资源的开发与利用，整体保护也没有做好，导致一些地区水资源的浪费和污染，在规划中缺少水资源评价章节，忽视了“以水定城、以水定地、以水定人、以水定产”的原则，严重影响水资源的管理与利用，需要进一步加强资源开发、利用、保护重视程度。

第 5 章　水资源配置研究

5.1　需水预测

需水预测根据连云港市发展现状，以国民经济和社会发展战略总体目标为指导，考虑未来经济的发展、人民生活水平的提高、节水型社会建设和用水管理水平的不断提高，预测各规划水平年的需水情况，分析评价各项用水定额的变化特点，评价用水结构和用水量变化趋势的合理性，为水资源合理配置提供必要的基础数据。

5.1.1　基本要求

5.1.1.1　用水户及需水统计口径分类

参照《水资源规划规范》(GB/T 51051—2014)技术要求，需水预测的用水户分为生活、生产和生态环境三大类，生活和生产需水统称为社会经济需水。连云港市用水户及需水统计口径分类详见表 5-1。

表 5-1　连云港市用水户及需水统计口径分类

一级	二级	三级	备注
生活	城镇生活	城镇居民生活	城市居民日常生活用水
	农村生活	农村居民生活	农村居民日常生活用水
生产	第一产业	水田	水稻
		水浇地	小麦、玉米、棉花、花生等
		菜田	瓜类、蔬菜、花卉等
		灌溉林果地	果树、苗圃、经济林等
		牲畜家禽	大、小牲畜和家禽
		淡水养殖	鱼塘补水
	第二产业	一般工业	酿酒、纺织、食品、建材、机械等
		建筑业	土木工程建筑、线路管道、装修装饰
	第三产业	流通、服务业	餐饮、零售、交通运输等服务业
生态环境	河道外	城市生态、环境美化	绿化用水、卫生用水等

5.1.1.2　需水预测方法

需水量分农业、工业、生活以及其他用水部门(包括建筑业、第三产业和河道外生态用水等)，采用增长趋势法、弹性系数法、模型法、定额法等方法进行预测，经综合比较后选定预测方案。

5.1.2 指标预测

5.1.2.1 人口与城镇化发展预测

(1) 人口与城镇化水平现状

人口增长的原因主要包括两个方面:一是自然增长,即人类繁衍的需要,人口数量必然会在原有的基础上有一定的自然增长;二是社会增长,即人口由于社会和经济等因素而产生迁徙目的地的人口增长。

连云港市农业人口仍占有较大比例,人口增长方式以自然增长为主,多年来人口数量一直呈稳定增长趋势。根据统计部门资料,2015—2019 年,连云港市总人口的年均增长率为 1.8‰,常住人口的年均增长率为 2.1‰。2015—2019 年连云港市总人口及常住人口如图 5-1 和图 5-2 所示。

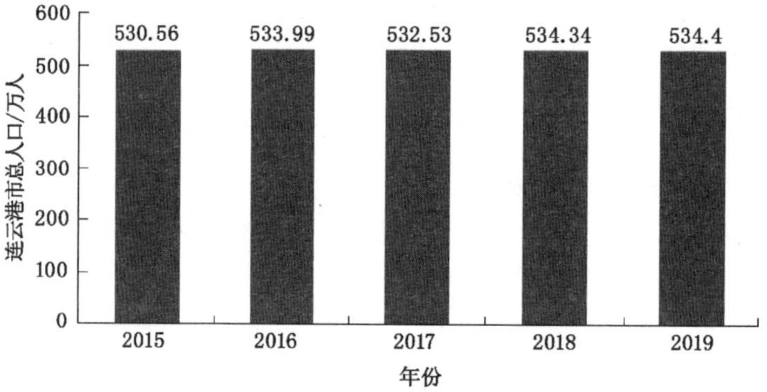

图 5-1 2015—2019 年连云港市总人口

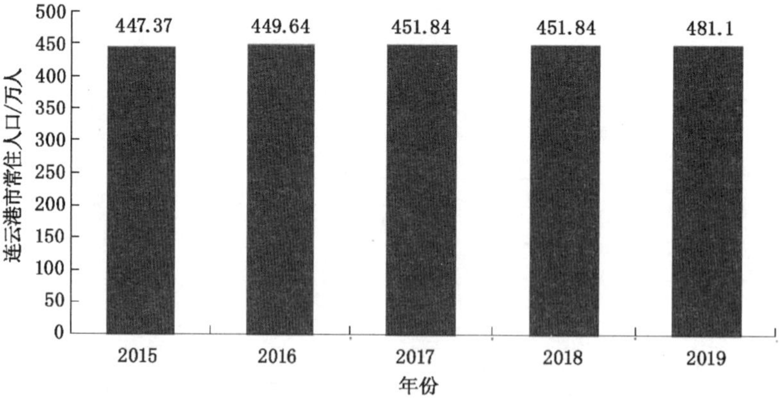

图 5-2 2015—2019 年连云港市常住人口

截至 2019 年年末,连云港市总人口 534.4 万,平均人口密度为 702 人/km^2,是全国平均人口密度 146 人/km^2 的 4.8 倍;常住人口 481.1 万;常住人口城镇化率为 63.6%。随着社会经济的发展和城市化进程的推进,未来连云港市城镇规模还将进一步扩大。

(2) 城镇化发展总体布局

根据《连云港市城市总体规划(2015—2030)》,未来人口及城镇化发展的总体思路如下:

城市性质及职能:国际化港口枢纽城市、现代化港口工业城市、特色化海滨旅游城市、生态化休闲宜居城市。

市域人口规模及城镇化水平:2020年,市域总人口500万,城镇化水平68%,城镇人口340万;2030年,市域总人口620万,城镇化水平77%,城镇人口477万。

中心城市规模和总体布局:中心城区2020年人口规模控制在190万人以内,用地规模控制在245平方公里以内;2030年人口规模控制在260万人以内,用地规模控制在300平方公里以内。保护生态、保障安全、保证发展,顺应港口转型升级与港城融合发展要求,将“一体两翼”的港口及其后方产业园区、城市生活区一并纳入中心城区统筹考虑,优化并调整用地布局。强化山海港城特色风貌,构建蔷薇河—临洪河生态廊道、云台山—连岛生态廊道、滨海复合发展廊道三大生态与旅游廊道,充分彰显连云港山海河自然资源特色,并成为城市生活区外围主要的生态屏障。结合城市实际建设发展需要,布置多片功能板块。海州片区是集中体现连云港市商业氛围和文化特质的综合生活片区,高新区片区是以研发、行政及旅游服务等为主的科创片区,连云片区是以国际物流、高端商务、商贸等为主的国际贸易与商务服务片区,开发区片区是以新医药、新材料为主的先进制造业基地,徐圩片区是城市南部重要的临港产业基地及国家石化基地,赣榆片区是以海洋经济、海滨旅游休闲为特色的滨海城区。

空间结构:规划“一横两纵,一核多极”的市域城镇空间结构。一横两纵:一横即沿东陇海城镇轴,两纵即沿海城镇轴、连临—连淮城镇轴,衔接“一带一路”倡议,重点强化轴线对城镇、产业的聚合作用。一核多极:一核即中心城区,多极即东海县城、灌云县城、灌南县城和市域重点中心镇,打造市域城镇化核心载体,推动各县城和重点中心镇积极参与区域分工,不断完善和提升发展能级。

(3) 人口发展指标预测

人口预测采用综合增长率法。预测公式如下:

$$P = P_0(1 + r + r')^t$$

式中　P——预测年总人口;

P_0——基础年总人口;

r——自然增长率;

r'——机械增长率;

t——预测年份距离基础年份的年数。

根据统计部门资料,连云港市总人口自然增长率呈逐年下降趋势。根据周边国家和地区的经验,随着社会经济的发展和思想观念的变化,人们的生育意愿将降低,未来新生儿比例将逐年减小,死亡者比例将逐年增大,但由于人口发展具有惯性作用,预计未来10年人口自然增长率仍将大于0,此后将进入负增长。根据以上分析,近期2019—2025年自然增长率取1.5‰,中远期2025—2030年,机械增长率取1.0‰。

随着连云港市地区经济发展和徐圩新区等产业园区的建设,将吸引一部分外来人口,因此近期2019—2025年机械增长率取0.5‰,中远期2025—2030年,机械增长率取0.2‰。

根据以上分析,预测连云港市总人口规模为:近期规划水平年(2025年)为540.84万人,中远期规划水平年(2030年)为544.10万人;常住人口规模为:近期规划水平年(2025

年)为 456.54 万人,中远期规划水平年(2030 年)为 459.84 万人。

2019 年年末,连云港市常住人口城镇化率为 63.6%。根据《连云港市城市总体规划》中确定的城镇发展战略,预计连云港市常住人口城镇化水平:近期 2025 年达到 70%,远期 2030 年达到 75%。

5.1.2.2 国民经济发展预测

(1) 国民经济发展现状

国家"一带一路"倡议为连云港市持续快速发展提供了重要机遇,作为新亚欧大陆桥经济走廊的东方起点,已规划建设中哈(连云港)物流中转基地、上合组织出海基地,是全省实施"一带一路"倡议的核心区和先导区,"十三五"期间,连云港市以建成联结"一带一路"的综合交通枢纽和物流中心为目标,深入落实"一带一路"倡议,为形成有机统一的开放格局打下坚实的基础。

随着江苏省沿海开发战略的持续深入实施,国家东中西区域合作示范区进入全面建成阶段,国家和省委、省政府赋予的一系列政策支持举措,为构建连云港市沿海大通道,完善综合交通枢纽体系,提升临港空间的发展水平,建设我国东部沿海地区新型工业基地、现代物流基地,东中西产业合作示范基地,全方位拓展开放合作的广度和深度,为加快经济发展提供有力的后劲支撑。

根据统计部门资料,2010—2019 年,连云港市地区生产总值(GDP)平均年增长率为 11.3%,其中第一、二、三产业平均年增长率分别为 7.92%、10.72%、13.13%。从行业角度来看,连云港市农业生产长期保持稳定增长的趋势,工业生产呈快速发展的趋势,建筑业和服务业等其他行业也都保持着比较好的发展势头。截至 2019 年年末,连云港市地区生产总值为 3 139.29 亿元,其中,海州区、连云区、赣榆区、东海县、灌云县、灌南县的生产总值分别为 520.49 亿元、728.24 亿元、623.43 亿元、526.29 亿元、359.19 亿元和 381.65 亿元。

(2) 国民经济发展布局

连云港市总体发展布局:根据国土空间的综合评价,按照尊重现状、空间融合、集中集聚、分工有序的原则,形成"一区一带两轴"的开发空间格局,作为全市乃至全省工业化和城市化发展的重要空间,为区域的发展提供持续不断的动力。

"一区"为连云港都市区,包括中心城区片区、赣榆片区和徐圩片区。统筹推进沿海地区资源整合和协调发展,强化中心功能和发展密度,发展高新技术产业和服务经济,积极发展先进制造业和临港工业,提升要素集聚、管控和辐射带动能力,建设古今辉映、生态宜居、产业集聚的现代化都市区。优化都市区空间格局,明确功能分工。中心城区包括海州城区、连云城区、市开发区、市高新区,重点发展商贸商务、行政办公、居住休闲、科技研发、港口服务、先进制造等综合功能;赣榆片区是相对独立的综合功能组团,具有商务办公、商业居住、科技研发、滨海旅游、都市工业等功能;徐圩片区是以临港工业和航运物流为主导功能的片区。

"一带"为沿海发展带,以都市区沿海区域为核心,整合北翼沿海地区和南翼沿海地区的岸线及后方城镇、产业资源,坚持港产城融合发展和组团开发,建设临港重化工业基地和区域航运物流中心。以生产、生活、生态岸线合理配置为重点,优化利用沿海岸线资源,连云城区岸线充分展示滨海城市景观风貌。其中中心港区重点提升航运物流和综合服务功能;北翼和南翼沿海板块积极推进港产联动,完善城市配套,与周边地区港口和产业联动发展。加强近海生态保护,重点围绕龙王河、青口河、临洪河、烧香河、古泊善后河、新沂河、灌河等河流的入海口打造生态隔离带。

“两轴”为东陇海发展轴和宁连发展轴。东陇海发展轴依托陇海客专徐连段、东陇海线、连霍高速等交通通道建设，串联中心城区、东海县城和东陇海线上的白塔埠、桃林等重点中心镇，加强与徐州及中西部地区的联系。宁连发展轴依托连淮扬镇铁路、宁连高速等交通通道建设，串联南部的灌云、灌南县城，南向对接苏中、苏南和长三角地区。

连云港市“一区一带两轴”总体发展格局如图 5-3 所示。

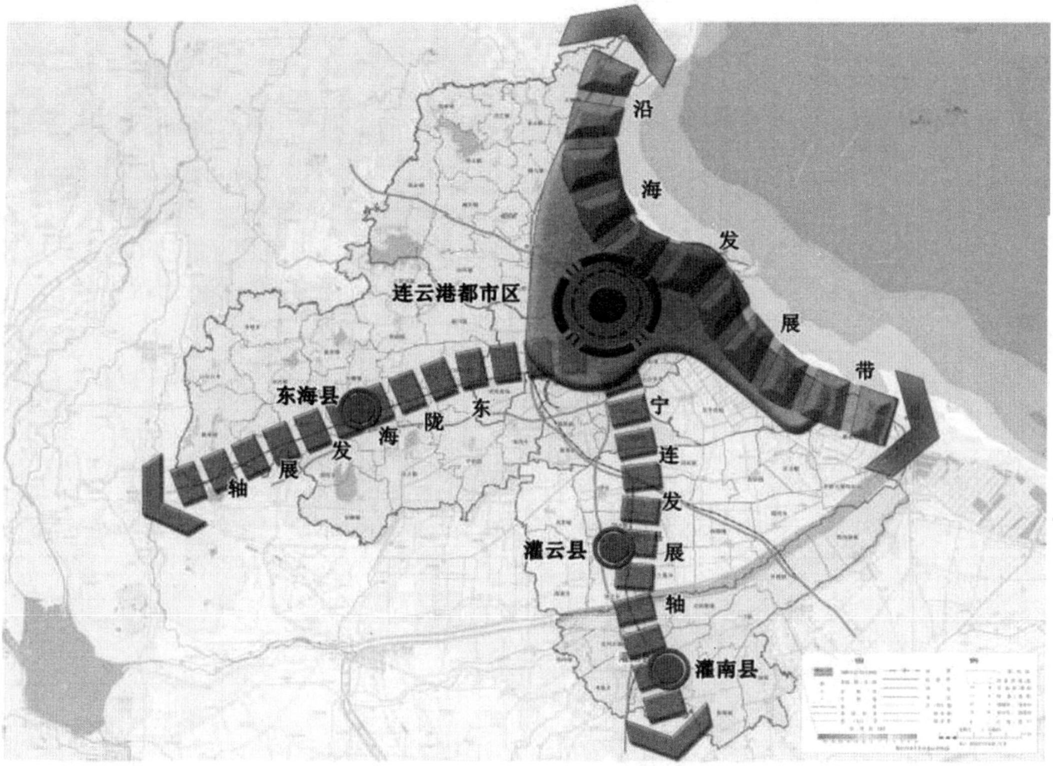

图 5-3　连云港市“一区一带两轴”总体发展格局图

（3）国民经济发展指标预测

根据连云港市所处发展阶段，以及未来的发展环境的判断，可以预期：2019—2035 年期间，连云港市地区生产总值年增长速度将处于一种持续、快速的增长态势之中，在达到一定发展阶段的时候增长率速度将逐渐放缓，经济发展趋于平稳。预计在 2019—2025 年期间 GDP 平均年增长率为保持在 8.0%，2026—2030 年期间 GDP 平均年增长率为 7.5%，2031—2035 年期间 GDP 平均年增长率为 7.0%，2030 年全市生产总值达到 10 027.42 亿元。

根据连云港市政府制定的经济发展战略，不断推进市域经济结构调整，预计到 2035 年，“三产”结构比例调整为 7.9∶46.3∶45.8。连云港市经济发展指标预测见表 5-2。

表 5-2　连云港市经济发展指标预测表　　单位:亿元

指标	基准年(2019 年)	近期水平年(2025 年)	中期水平年(2030 年)	远期水平年(2035 年)
生产总值	3 139.29	4 977.98	7 159.19	10 027.42
“一产”	362.70	486.05	620.34	791.73
“二产”	1 363.15	2 223.93	3 267.69	4 647.71
“三产”	1 413.44	2 267.99	3 271.16	4 597.98
经济结构	11.6∶43.4∶45.0	9.8∶44.6∶45.6	8.7∶45.6∶45.7	7.9∶46.3∶45.8

(4) 农业发展指标预测

根据连云港市土地、农业等规划成果,对规划水平年的不同作物类型有效灌溉面积进行预测。由于现代农业发展需要,农田改造及水利工程建设不断投入资金,连云港市农业有效灌溉面积将有所增大。考虑到连云港市持续推进农业产业整合、资源整合、空间整合,调优产业、品种、区域结构,打造生产集中布局、资源集约利用、产业相互融合的高效农业集聚区,农业种植结构将有一定调整,预测中水田灌溉面积有所减小,水浇地、菜地灌溉面积将有所增大。

2019 年,连云港市耕地面积为 586.93 万亩,有效灌溉面积为 544.07 万亩(含省属农场)。根据连云港市有效灌溉面积增长趋势,预期 2035 年达到 563.25 万亩。连云港市农业灌溉面积预测成果见表 5-3。

表 5-3　连云港市农业灌溉面积预测成果表　　单位:万亩

年份	水田	水浇地	菜地	合计
2019 年	316.99	97.93	129.15	544.07
2025 年	313.99	102.40	134.58	550.98
2030 年	307.99	107.99	140.98	556.96
2035 年	304.99	112.22	146.04	563.25

根据农业和相关部门实际调查统计,2019 年,连云港市林果园面积共 20.7 万亩,鱼塘面积 26.01 万亩,大牲畜 7.58 万头,小牲畜 196.45 万只,家禽 1234.62 万只。根据林牧渔业产业发展规划,结合近 10 年林牧渔业发展趋势,预计未来林牧渔业仍会以较快速度发展,这和经济快速发展,人民生活水平逐年提高、对副食品需求增加的趋势一致。连云港市林牧渔业规模预测成果见表 5-4。

表 5-4　连云港市林牧渔业规模预测表

年份	果园/万亩	鱼塘/万亩	大牲畜/万头	小牲畜/万只	家禽/万只
2019 年	22.20	26.01	7.58	196.45	1 234.62
2025 年	22.47	26.32	7.81	202.43	1 272.12
2030 年	22.69	26.59	8.05	208.58	1 310.77
2035 年	22.92	26.85	8.29	214.91	1 350.58

5.1.3 预测成果

5.1.3.1　生活需水量

（1）城镇居民生活需水量

城镇居民生活用水为居民家庭日常生活用水。对其进行预测，一方面要考虑社会的进步和发展，城市居民生活水平将得到进一步改善，用水的标准不断提高；另一方面也要考虑水价水平、用水管理和节水技术的不断完善和提高。

城镇居民生活用水定额以实际调查为基础，参照《城市居民生活用水量标准》，连云港市位于“三区”，城镇生活日用水量为 120～180 L/(人·d)。

2019 年，连云港市城镇居民生活用水总量为 15 420 万 m^3，城镇居民平均生活用水量为 147.3 L/(人·d)。结合当地实际水资源状况和生活用水习惯，考虑到未来人民生活水平的提高、生活条件的改善等因素，综合确定 2025 年、2030 年、2035 年城镇居民人均日用水量分别取 150 L/(人·d)、155 L/(人·d)、160 L/(人·d)。

根据以上分析，以常住人口计算，连云港市 2025 年、2030 年、2035 年的城镇居民生活需水量分别为 17 496 万 m^3、195 65 万 m^3、20 967 万 m^3。

（2）农村居民生活需水量

2019 年，连云港市农村居民生活用水总量为 5 730 万 m^3，农村居民生活用水定额为 95.6 L/(人·d)。随着城乡差距的逐步缩小，农村生活水平也越来越高，因此农村生活用水定额也会增大，综合确定 2025 年、2030 年、2035 年农村居民人均日用水量分别取 100 L/(人·d)、105 L/(人·d)、110 L/(人·d)。

根据以上分析，以常住人口计算，连云港市 2025 年、2030 年、2035 年的农村居民生活需水量分别为 5 000 万 m^3、4 419 万 m^3、4 285 万 m^3。

（3）生活总需水量

生活总需水量为城镇和农村生活需水量之和。连云港市不同规划水平年生活总需水量见表 5-5。

表 5-5　连云港市生活总需水量预测成果表　　单位：万 m^3

分区		基准年(2019 年)	近期水平年(2025 年)	中期水平年(2030 年)	远期水平年(2035 年)
行政分区	连云区	1 500	1 522	1 605	1 678
	海州区	4 610	4 679	4 924	5 164
	赣榆区	4 380	4 704	5 075	5 362
	东海县	4 300	4 704	5 022	5 292
	灌云县	3 500	3 842	4 105	4 327
	灌南县	2 800	3 045	3 253	3 429
水资源分区	沂南区	2 800	3 045	3 253	3 429
	沂北区	13 910	14 747	15 656	16 461
	赣榆区	4 380	4 704	5 075	5 362
全市合计		21 090	22 496	23 984	25 252

5.1.3.2　农业灌溉需水量

连云港市是农业大市，主要粮食作物有水稻、小麦、玉米等，经济作物有油料作物、瓜果、蔬菜等。农业灌溉方式以水库自流、河道引水提水等地表灌溉为主。

(1) 农业灌溉需水量预测方法

根据农业土地利用情况的不同，将其分为水田、水浇地和菜田三大类。这些土地的用水指标是各不相同的，必须将其区分开来并且按照各自的综合指标来进行需水预测。

根据实际调查，结合《江苏省农业用水定额(2019 年)》中规定的农业用水定额，以及周边地区的农业用水定额，制定连云港市农业灌溉用水定额，见表 5-6。

表 5-6　连云港市农业灌溉用水定额　　单位：m^3/亩

年份	保证率	用水定额		
		水田	水浇地	菜田
基准年(2019 年)	多年平均值	506	65	140
	50%	511	70	145
	75%	561	80	160
	95%	631	95	185
近期(2025 年)	多年平均值	501	60	135
	50%	506	65	140
	75%	556	75	155
	95%	631	95	185
中期(2030 年)	多年平均值	496	55	125
	50%	501	60	130
	75%	546	70	145
	95%	611	85	175
远期(2035 年)	多年平均值	491	50	120
	50%	496	55	125
	75%	541	65	140
	95%	606	80	170

(2) 农业灌溉需水量预测

2019 年连云港市耕地面积为 586.93 万亩，有效灌溉面积为 544.07 万亩(含省属农场)。根据连云港市有效灌溉面积增长趋势，预测结果见表 5-7。

5.1.3.3　林牧渔业需水量

(1) 林果园需水量

林果园需水量根据林果园面积和用水定额计算。参考《江苏省林牧渔业、工业、服务业和生活用水定额(2019 年修订)》中关于林果园的灌溉定额，制定连云港市林果业用水定额分别为 55 m^3/亩(P=多年平均值)、60 m^3/亩(P=50%)、80 m^3/亩(P=75%)、100 m^3/亩(P=95%)。由此预测连云港市各规划水平年的林果业需水量，预测结果见表 5-8。

表 5-7　连云港市农业需水量预测成果表　　单位：万 m^3

分区		保证率	需水量			
			基准年(2019 年)	近期(2025 年)	中期(2030 年)	远期(2035 年)
行政分区	连云区	多年平均值	3 854	3 409	2 952	2 507
		50%	3 905	3 461	3 004	2 559
		75%	4 294	3 814	3 297	2 821
		95%	4 637	4 289	3 741	3 226
	海州区	多年平均值	23 601	22 541	20 999	19 924
		50%	23 920	22 862	21 324	20 252
		75%	26 306	25 182	23 351	22 223
		95%	28 287	28 287	26 402	25 204
	赣榆区	多年平均值	28 318	28 007	27 571	27 226
		50%	28 735	28 428	27 997	27 656
		75%	31 638	31 345	30 677	30 348
		95%	35 793	35 274	34 724	34 416
	东海县	多年平均值	54 715	54 102	53 249	52 569
		50%	55 534	54 932	54 087	53 416
		75%	61 200	60 623	59 320	58 672
		95%	69 309	67 218	67 218	66 611
	灌云县	多年平均值	41 886	41 441	39 952	39 457
		50%	42 504	42 067	40 586	40 097
		75%	46 694	46 279	44 402	43 933
		95%	52 713	50 225	50 225	49 791
	灌南县	多年平均值	32 426	32 081	31 546	31 153
		50%	32 923	32 585	32 057	31 670
		75%	36 154	35 835	35 062	34 691
		95%	40 812	40 262	39 668	39 328
水资源分区	沂南区	多年平均值	32 426	32 081	31 546	31 153
		50%	32 923	32 585	32 057	31 670
		75%	36 154	35 835	35 062	34 691
		95%	40 812	40 262	39 668	39 328
	沂北区	多年平均值	124 056	121 493	117 153	114 455
		50%	125 863	123 322	119 001	116 324
		75%	138 495	135 899	130 370	127 648
		95%	154 946	150 018	147 585	144 832
	赣榆区	多年平均值	28 318	28 007	27 571	27 226
		50%	28 735	28 428	27 997	27 656
		75%	31 638	31 345	30 677	30 348
		95%	35 793	35 274	34 724	34 416

表 5-7(续)

分区	保证率	需水量			
		基准年(2019 年)	近期(2025 年)	中期(2030 年)	远期(2035 年)
全市合计	多年平均值	184 801	181 581	176 270	172 834
	50%	187 521	184 336	179 055	175 650
	75%	206 287	203 078	196 109	192 687
	95%	231 551	225 554	221 978	218 576

表 5-8　连云港市林牧渔业需水量预测成果表　　单位:万 m^3

分区		水平年	林业需水量/万 m^3				渔业需水量/万 m^3				牧业需水量/万 m^3
			多年平均值	$P=50\%$	$P=75\%$	$P=95\%$	多年平均值	$P=50\%$	$P=75\%$	$P=95\%$	
行政分区	连云区	基准年	0	0	0	0	4 530	4 757	5 663	6 795	38
		2025 年	0	0	0	0	4 585	4 814	5 731	6 877	36
		2030 年	0	0	0	0	4 631	4 862	5 788	6 946	34
		2035 年	0	0	0	0	4 677	4 911	5 846	7 016	32
	海州区	基准年	91	99	132	165	4 116	4 322	5 145	6 174	213
		2025 年	96	105	140	175	4 116	4 322	5 145	6 174	203
		2030 年	101	110	147	184	4 116	4 322	5 145	6 174	192
		2035 年	106	116	155	193	4 116	4 322	5 145	6 174	180
	赣榆区	基准年	107	117	156	195	3 120	3 276	3 900	4 680	440
		2025 年	114	124	166	207	3 158	3 316	3 947	4 736	421
		2030 年	120	131	174	218	3 189	3 349	3 987	4 784	401
		2035 年	126	137	183	229	3 221	3 382	4 027	4 832	379
	东海县	基准年	800	873	1 164	1 455	1 140	1 197	1 425	1 710	446
		2025 年	849	927	1 236	1 545	1 154	1 211	1 442	1 731	428
		2030 年	893	974	1 299	1 623	1 165	1 224	1 457	1 748	408
		2035 年	938	1 024	1 365	1 706	1 177	1 236	1 471	1 766	387
	灌云县	基准年	99	108	144	180	1 740	1 827	2 175	2 610	350
		2025 年	105	115	153	191	1 761	1 849	2 201	2 641	335
		2030 年	110	120	161	201	1 779	1 868	2 223	2 668	318
		2035 年	116	127	169	211	1 797	1 886	2 246	2 695	301
	灌南县	基准年	124	135	180	225	960	1 008	1 200	1 440	350
		2025 年	131	143	191	239	972	1 020	1 214	1 457	336
		2030 年	138	151	201	251	981	1 030	1 227	1 472	320
		2035 年	145	158	211	264	991	1 041	1 239	1 487	303

表 5-8(续)

分区		水平年	林业需水量/万 m³				渔业需水量/万 m³				牧业需水量/万 m³
			多年平均值	$P=50\%$	$P=75\%$	$P=95\%$	多年平均值	$P=50\%$	$P=75\%$	$P=95\%$	
水资源分区	沂南区	基准年	124	135	180	225	960	1 008	1 200	1 440	350
		2025 年	131	143	191	239	972	1 020	1 214	1 457	336
		2030 年	138	151	201	251	981	1 030	1 227	1 472	320
		2035 年	145	158	211	264	991	1 041	1 239	1 487	303
	沂北区	基准年	990	1 080	1 440	1 800	11 526	12 102	14 408	17 289	1 047
		2025 年	1 051	1 146	1 529	1 911	11 615	12 196	14 519	17 423	1 002
		2030 年	1 105	1 205	1 607	2 008	11 691	12 275	14 613	17 536	953
		2035 年	1 161	1 266	1 689	2 111	11 767	12 355	14 708	17 650	900
	赣榆区	基准年	107	117	156	195	3 120	3 276	3 900	4 680	440
		2025 年	114	124	166	207	3 158	3 316	3 947	4 736	421
		2030 年	120	131	174	218	3 189	3 349	3 987	4 784	401
		2035 年	126	137	183	229	3 221	3 382	4 027	4 832	379
全市		基准年	1 221	1 332	1 776	2 220	15 606	16 386	19 508	23 409	1 838
		2025 年	1 296	1 414	1 885	2 357	15 745	16 532	19 681	23 617	1 759
		2030 年	1 362	1 486	1 981	2 477	15 861	16 654	19 827	23 792	1 674
		2035 年	1 432	1 562	2 082	2 603	15 979	16 778	19 974	23 969	1 582

(2) 淡水渔业养殖需水量

淡水渔业养殖需水量根据养殖水面面积和用水定额计算。参考《江苏省林牧渔业、工业、服务业和生活用水定额（2019 年修订）》中关于渔业补水的定额，制定连云港市渔业用水定额分别为 600 m³/亩(P＝多年平均值)、630 m³/亩($P=50\%$)、750 m³/亩($P=75\%$)、900 m³/亩($P=95\%$)。由此预测连云港市各规划水平年的淡水渔业需水量，预测结果见表 5-8。

(3) 畜牧养殖需水量

畜牧养殖用水采用用水定额法计算，分大、小牲畜和家禽类分别进行预测，牛、马等为大牲畜，猪、羊为小牲畜，鸡、鸭、鹅为家禽。

参考《江苏省林牧渔业、工业、服务业和生活用水定额（2019 年修订）》中关于畜牧业的用水定额，制定连云港市基准年(2019 年)畜牧业用水定额分别为大牲畜 80 L/(只・d)、小牲畜 15 L/(只・d)、家禽 1.2 L/(只・d)，2025 年畜牧业用水定额分别为大牲畜 75 L/(只・d)、小牲畜 14 L/(只・d)、家禽 1.1 L/(只・d)，2030 年畜牧业用水定额分别为大牲畜 70 L/(只・d)、小牲畜 13 L/(只・d)、家禽 1.0 L/(只・d)，2035 年畜牧业用水定额分别为大牲畜 65 L/(只・d)、小牲畜 12 L/(只・d)、家禽 0.9 L/(只・d)。由此预测各规划水平年的畜牧养殖需水量见表 5-8。

5.1.3.4　工业需水量

按照连云港市近年工业用水统计资料分析和城市工业化水平及其发展目标，在未来规划期间，连云港市将立足现有资源和产业基础，统筹推进沿海地区资源整合和协调发展，强化中心功能和发展密度，发展高新技术产业和服务经济，积极发展先进制造业和临港工业，提升要素集聚、管控和辐射带动能力，放大产业规模效应，形成特色鲜明、支撑有力的产业集群。

未来全市工业用水总量将有较大幅度的增长，用水结构也会有较大变化。同时需要考虑的是：随着经济的发展，生活水平的提高，水资源将会越来越紧缺，未来工业生产将普遍推广节水工艺，改造用水设施，提高重复利用率，以发展大规模、高技术含量、低耗水和集中性工业园区为主导。

(1) 工业需水量预测方法

工业用水分为一般工业用水和火电工业用水，分别对其进行预测。

① 一般工业需水量预测方法

一般工业需水量预测方法采用弹性系数法计算。弹性系数法就是利用工业用水弹性系数在一段时间内基本不变这一规律来进行未来需水量的预测。在工业结构基本不变的情况下，使用该方法可得到比较符合实际的数值，适用于中长期工业需水预测。工业用水弹性系数是指工业用水的增长率与同期工业增加值增长率之比，即

$$k=a/b$$

式中 k——弹性系数；

a——工业用水年增长率；

b——工业增加值年增长率。

根据连云港市近年工业增加值和工业用水量的资料，分析工业用水、工业增加值增长变化的趋势，并参考周边地区的情况，确定“基本方案”未来不同时间段的工业需水弹性系数取值为：近期为 0.65，中远期为 0.60；结合未来工业节水发展，确定“推荐方案”未来不同时间段的工业需水弹性系数取值为：近期为 0.60，中远期为 0.50。

② 火(核)电工业需水量预测方法

连云港市具有发展火(核)电的良好基础，目前拥有江苏国信新海发电有限公司、田湾核电站等多家火(核)电企业。全市已把发展煤电产业作为推进经济发展和经济结构战略性调整升级的动力，未来火电工业将在全市工业中占有重要地位，根据电力产业发展规划，结合实际的发展情况，预计 2025 年全市装机容量达 871.4 万 kW(其中核电 600 万 kW)，2030 年达到 1 071.4 万 kW(其中核电 800 万 kW)。

火(核)电工业需水量预测方法采用每小时单位装机容量用水量法，电厂每年运行时间按 7 500 h 计算。参考《江苏省林牧渔业、工业、服务业和生活用水定额(2019 年修订)》，结合未来火(核)电节水发展，确定未来不同时间段火电用水定额分别为：近期为 16 m^3/(万 kW·h)、中远期为 15.5 m^3/(万 kW·h)；核电用水定额分别为：近期为 1.1 m^3/(万 kW·h)、中远期为 1.0 m^3/(万 kW·h)。

(2) 工业需水量预测

① 一般工业需水量预测

2019 年，连云港市一般工业用水总量为 18 137 万 m^3(不含徐圩新区，徐圩新区用水量单独预测)，预测连云港市各规划水平年一般工业需水量见表 5-9。

表 5-9　连云港市一般工业需水量预测成果表　　单位：万 m^3

分区		基准年(2019 年)	近期水平年(2025 年)	中期水平年(2030 年)	远期水平年(2035 年)
行政分区	连云区	4 780	6 225	7 510	8 791
	海州区	1 395	1 817	2 192	2 566
	赣榆区	3 785	4 929	5 947	6 961
	东海县	3 690	4 805	5 797	6 786
	灌云县	2 210	2 878	3 472	4 064
	灌南县	2 277	2 965	3 577	4 187
水资源分区	沂南区	2 277	2 965	3 577	4 187
	沂北区	12 075	15 725	18 971	22 207
	赣榆区	3 785	4 929	5 947	6 961
全市合计		18 137	23 619	28 495	33 355

② 火(核)电需水量预测

2019 年，连云港市火(核)电工业的用水总量为 2 050 万 m^3，根据单位装机容量用水量法，预测连云港市火(核)电需水量 2025 年为 4 043 万 m^3、2030 年为 4015 万 m^3、2035 年为 3 892 万 m^3。

5.1.3.5　建筑及第三产业需水量

2019 年连云港市建筑业新开工面积 2 968 万 m^2，建筑业用水量 1 187 万 m^3。统计近年建筑业新开工面积，结合相关发展规划预测，到 2025 年、2030 年、2035 年，全市建筑业新开工面积分别为 2 874 万 m^2、2 705 万 m^2、2547 万 m^2。建筑业需水量预测方法采用每平方米用水量法计算，根据《江苏省林牧渔业、工业、服务业和生活用水定额（2019 年修订）》，并参考其他地区已有成果，确定连云港市建筑业每平方米用水量 2025 年、2030 年、2035 年分别为 0.38 m^3/m^2、0.36 m^3/m^2、0.35 m^3/m^2。

据调查，2019 年连云港市第三产业增加值为 1 413.44 亿元，用水量为 6 240 万 m^3，平均万元增加值用水量为 4.4 m^3。到 2025 年、2030 年、2035 年，全市第三产业增加值可分别达到 2 243 亿元、3 296 亿元、4 842 亿元。参考《江苏省林牧渔业、工业、服务业和生活用水定额（2019 年修订）》，确定连云港市 2025 年、2030 年、2035 年第三产业平均万元增加值取水定额分别为 4.2 m^3、4.0 m^3、3.8 m^3。连云港市建筑及第三产业需水量预测成果见表 5-10。

5.1.3.6　生态环境需水量

生态环境用水是指为维持生态和进行生态建设所需要的最小需水量。生态用水包括河道内用水、河道外用水两部分。河道内生态用水是指用于维持河道基本功能和河道生态需求的用水；河道外用水分为生态美化和其他生态建设用水。本规划中河道内生态用水不参与供需平衡分析。

河道外生态总需水量为城镇绿化和道路浇洒用水量之和。连云港市不同规划水平年总的河道外生态需水量见表 5-11。

表 5-10　连云港市建筑及第三产业需水量预测成果表　　单位：万 m^3

分区		基准年（2019 年）	近期水平年（2025 年）	中期水平年（2030 年）	远期水平年（2035 年）
行政分区	连云区	905	1 364	1 890	2 623
	海州区	2 029	3 088	4 250	5 871
	赣榆区	1 671	2 018	2 601	3 441
	东海县	1 130	1 669	2 271	3 118
	灌云县	846	1 216	1 614	2 179
	灌南县	825	1 158	1 530	2 061
水资源分区	沂南区	825	1 158	1 530	2 061
	沂北区	4 910	7 337	10 025	13 791
	赣榆区	1 671	2 018	2 601	3 441
全市合计		7 406	10 513	14 156	19 293

表 5-11　连云港市河道外生态需水量预测成果表　　单位：万 m^3

分区		基准年（2019 年）	近期水平年（2025 年）	中期水平年（2030 年）	远期水平年（2035 年）
行政分区	连云区	703	753	789	823
	海州区	845	905	948	989
	赣榆区	663	710	744	776
	东海县	453	484	505	529
	灌云县	290	311	326	340
	灌南县	258	276	289	302
水资源分区	沂南区	258	276	289	302
	沂北区	2 291	2 453	2 568	2 681
	赣榆区	663	710	744	776
全市合计		3 212	3 439	3 601	3 759

5.1.3.7　徐圩新区需水量预测

连云港市徐圩新区是国务院批准设立的国家东中西区域合作示范区的先导区，位于连云港市城区东南部。随着江苏省沿海开发上升为国家战略，徐圩新区迎来了千载难逢的战略机遇，成为国家战略棋盘上的“马前卒”。伴随着徐圩新区深水大港及航道建设的开展，徐圩新区将成为江苏省沿海经济带发展的龙头和最重要的产业基地之一。徐圩新区作为连云港市拓展港口功能、开发新的战略增长极的重要区域，发展潜力巨大，对连云港市以及江苏沿海的发展大局影响深远。

鉴于连云港市徐圩新区的重要性，连云港市徐圩新区需水单独预测。2019 年徐圩新区用水量为 0.93 亿 m^3，结合《徐圩新区规划水资源论证》和《连云港石化产业基地总体发展规划水资源论证报告(修编)》成果，预测到 2025 年，需水量为 2.51 亿 m^3；预测到 2030 年，需水量为3.42亿m^3；预测到2035年，需水量为3.96亿m^3。连云港市徐圩新区需水量预测成果见表5-12。

表5-12 连云港市徐圩新区需水量预测成果表 单位：亿m^3

用水单元	近期水平年(2025年)	中期水平年(2030年)	远期水平年(2035年)
国家级石化产业基地	1.92	2.53	2.91
节能环保科技产业园	0.05	0.08	0.1
先进装备制造产业园	0.07	0.11	0.13
板桥综合产业园	0.20	0.30	0.35
现代物流产业园	0.06	0.09	0.11
现代港口物流园	0.10	0.15	0.18
城市配套功能区	0.11	0.16	0.18
合计	2.51	3.42	3.96

5.1.3.8 需水量汇总

根据上述需水预测结果，统计得出不同保证率时不同规划水平年全市的需水量(包括生活需水量、生产需水量和生态需水量)，连云港市需水量预测汇总结果见表5-13。

通过对全社会各行业及生态环境用水量的测算，规划水平年社会各部门需水量将会有所变化，生活、生产、生态环境及总用水量稳步提高，农业用水量进一步降低。预计到2030年，全市多年平均用水量为30.23亿m^3，2035年全市多年平均用水量为31.56亿m^3。

5.2 供水预测

供水预测以现状水资源开发利用状况为基础，以当地水资源开发利用潜力分析为控制条件，通过技术经济综合分析比较，先制订出多组开发利用方案并进行可供水量预测，提供水资源供需分析和合理配置选用，然后根据计算反馈的缺水程度、缺水类型，以及对合理抑制需求、增加有效供水、保护生态环境的不同要求，调整修改供水方案，再供新一轮水资源供需分析和水资源配置选用。如此，经过多次反复平衡分析，以水资源配置最终选定的供水方案作为推荐方案。

根据连云港市水资源及其利用特点，可供水量包括下列三个部分：① 地表水供水量(当地径流通过河湖库塘调蓄可提供的水量、调引的江淮水量、过境的水量)；② 地下水供水量；③ 非常规水源供水量。

5.2.1 地表水可供水量

地表水可供水量是指在经济合理、技术可行及满足生态环境用水的前提下，通过工程措施，可为河道外用户提供的具有一定保证程度的水量。地表水资源开发，一方面要考虑更新改造、续建配套现有水利工程可能增加的供水能力以及相应的技术经济指标，另一方面要考虑规划的水利工程，重点是新建水利工程的供水规模、范围和对象，以及工程的主要技术指标，经综合分析提出不同工程方案的可供水量。

表 5-13　连云港市规划水平年需水预测成果表(行政分区)

单位:万 m^3

分区	保证率	基准年(2019 年)				近期水平年(2025 年)				中期水平年(2030 年)				中期水平年(2035 年)			
		生活需水	生产需水	生态需水	合计	生活需水	生产需水	生态需水	合计	生活需水	生产需水	生态需水	合计	生活需水	生产需水	生态需水	合计
连云区	多年平均值	1 500	23 517	703	25 720	1 521	41 216	753	43 490	1 604	52 021	789	54 414	1 678	58 836	823	61 337
	50%	1 500	23 794	703	25 997	1 521	41 911	753	44 185	1 604	53 130	789	55 523	1 678	60 353	823	62 854
	75%	1 500	25 090	703	27 293	1 521	43 221	753	45 495	1 604	54 416	789	56 809	1 678	61 651	823	64 152
	95%	1 500	26 775	703	28 978	1 521	44 889	753	47 163	1 604	56 108	789	58 501	1 678	60 358	823	62 859
海州区	多年平均值	4 610	32 860	845	38 315	4 679	34 889	905	40 473	4 924	34 788	948	40 660	5 164	35 613	989	41 766
	50%	4 610	33 568	845	39 023	4 679	36 489	905	42 073	4 924	37 648	948	43 520	5 164	39 314	989	45 467
	75%	4 610	36 811	845	42 266	4 679	39 754	905	45 338	4 924	40 716	948	46 588	5 164	41 538	989	47 691
	95%	4 610	41 267	845	46 722	4 679	44 032	905	49 616	4 924	45 081	948	50 953	5 164	46 792	989	52 945
赣榆区	多年平均值	4 380	37 556	663	42 599	4 704	38 390	710	43 804	5 075	39 541	744	45 360	5 362	41 080	776	47 218
	50%	4 380	37 707	663	42 750	4 704	39 521	710	44 935	5 075	40 762	744	46 581	5 362	42 373	776	48 511
	75%	4 380	41 690	663	46 733	4 704	43 129	710	48 543	5 075	44 147	744	49 966	5 362	45 791	776	51 929
	95%	4 380	46 664	663	51 707	4 704	47 920	710	53 334	5 075	49 082	744	54 901	5 362	50 782	776	56 920
东海县	多年平均值	4 300	61 575	452	66 327	4 704	62 688	484	67 876	5 022	63 474	506	69 002	5 292	64 681	529	70 502
	50%	4 300	62 932	452	67 684	4 704	64 354	484	69 542	5 022	65 301	506	70 829	5 292	66 670	529	72 491
	75%	4 300	69 116	452	73 868	4 704	70 623	484	75 811	5 022	71 155	506	76 683	5 292	72 591	529	78 412
	95%	4 300	77 801	452	82 553	4 704	78 950	484	84 138	5 022	79 781	506	85 309	5 292	81 327	529	87 148
灌云县	多年平均值	3 500	46 989	290	50 779	3 842	47 229	311	51 382	4 105	47 116	326	51 547	4 327	47 791	340	52 458
	50%	3 500	48 014	290	51 804	3 842	48 510	311	52 663	4 105	49 360	326	53 791	4 327	50 165	340	54 832
	75%	3 500	52 589	290	56 379	3 842	53 513	311	57 666	4 105	53 688	326	58 119	4 327	54 539	340	59 206
	95%	3 500	59 078	290	62 868	3 842	59 746	311	63 899	4 105	60 175	326	64 606	4 327	61 107	340	65 774

表 5-13(续)

分区	保证率	基准年(2019 年)				近期水平年(2025 年)				中期水平年(2030 年)				中期水平年(2035 年)			
		生活需水	生产需水	生态需水	合计	生活需水	生产需水	生态需水	合计	生活需水	生产需水	生态需水	合计	生活需水	生产需水	生态需水	合计
灌南县	多年平均值	2 800	36 649	258	39 707	3 045	37 011	276	40 332	3 253	37 811	289	41 353	3 429	38 575	302	42 306
	50%	2 800	37 518	258	40 576	3 045	38 437	276	41 758	3 253	39 019	289	42 561	3 429	39 900	302	43 631
	75%	2 800	40 749	258	43 807	3 045	41 714	276	45 035	3 253	42 315	289	45 857	3 429	43 236	302	46 967
	95%	2 800	45 929	258	48 987	3 045	46 427	276	49 748	3 253	47 300	289	50 842	3 429	48 292	302	52 023
沂南区	多年平均值	2 800	36 649	258	39 707	3 045	37 011	276	40 332	3 253	37 811	289	41 353	3 429	38 575	302	42 306
	50%	2 800	37 518	258	40 576	3 045	38 437	276	41 758	3 253	39 019	289	42 561	3 429	39 900	302	43 631
	75%	2 800	40 749	258	43 807	3 045	41 714	276	45 035	3 253	42 315	289	45 857	3 429	43 236	302	46 967
	95%	2 800	45 929	258	48 987	3 045	46 427	276	49 748	3 253	47 300	289	50 842	3 429	48 292	302	52 023
沂北区	多年平均值	13 910	164 941	2 291	181 142	14 747	186 021	2 453	203 221	15 656	197 400	2 568	215 624	16 461	206 921	2 680	226 062
	50%	13 910	168 308	2 291	184 509	14 747	191 265	2 453	208 465	15 656	205 439	2 568	223 663	16 461	216 502	2 680	235 643
	75%	13 910	183 605	2 291	199 806	14 747	207 111	2 453	224 311	15 656	219 974	2 568	238 198	16 461	230 319	2 680	249 460
	95%	13 910	204 922	2 291	221 123	14 747	227 617	2 453	244 817	15 656	241 144	2 568	259 368	16 461	249 584	2 680	268 725
赣榆区	多年平均值	4 380	37 556	663	42 599	4 704	38 390	710	43 804	5 075	39 541	744	45 360	5 362	41 080	776	47 218
	50%	4 380	37 707	663	42 750	4 704	39 521	710	44 935	5 075	40 762	744	46 581	5 362	42 373	776	48 511
	75%	4 380	41 690	663	46 733	4 704	43 129	710	48 543	5 075	44 147	744	49 966	5 362	45 791	776	51 929
	95%	4 380	46 664	663	51 707	4 704	47 920	710	53 334	5 075	49 082	744	54 901	5 362	50 782	776	56 920
连云港市	多年平均值	21 090	239 146	3 212	263 448	22 496	261 423	3 439	287 358	23 984	274 752	3 601	302 337	25 252	286 576	3 759	315 587
	50%	21 090	243 534	3 212	267 836	22 496	269 223	3 439	295 158	23 984	285 219	3 601	312 804	25 252	298 775	3 759	327 786
	75%	21 090	266 044	3 212	290 346	22 496	291 954	3 439	317 889	23 984	306 436	3 601	334 021	25 252	319 346	3 759	348 357
	95%	21 090	297 514	3 212	321 816	22 496	321 964	3 439	347 899	23 984	337 526	3 601	365 111	25 252	348 658	3 759	377 669

本规划分别在多年平均、保证率 $P=50\%$、$P=75\%$和 $P=95\%$来水情况下，计算地表水可供水量。计算过程中考虑的主要因素包括：

（1）地表水可供水量计算，以各河系各类供水工程以及各供水区所组成的供水系统为调算对象，进行自上游到下游、先支流后干流逐级调算。

（2）大型河道节制闸可供水量参照水库可供水量的计算方法，即根据水文站多年实测径流量（没有资料的用水文比拟法推算来水量），通过时历列表法逐时段（月）进行条件计算来确定，按照尽量少弃水的原则，最后得到逐月的可供水量。

（3）水库可供水量的计算采用复蓄系数法，即从分析有代表性的蓄水工程资料入手，定出可供水量与蓄水工程兴利库容之间的关系，以此估算面上同类小型蓄水工程的可供水量。复蓄系数取值参考地区已有成果，大体上遵循南部大于北部、上游大于下游的规律，多年平均年份为 1.7，$P=50\%$年份为 1.5～1.6，$P=75\%$年份为 1.2～1.3，$P=95\%$年份为 0.8～0.9。

（4）可供水量计算以基准年工程供水能力为基础，预测不同规划水平年工程状况的变化，既要考虑现有工程更新改造和续建配套后新增水量，又要估计工程老化、淤积和用水增加造成来水减少等对工程供水能力的影响。

5.2.1.1　本地地表水可供水量

以本地地表水资源量和现状地表水资源开发利用系数为基础，结合连云港市有关水利规划成果，预测不同水平年本地地表水资源量开发利用系数，确定不同水平年本地地表水可供水量。

连云港市本地地表水可供水量预测成果见表 5-14。

表 5-14　连云港市本地地表水可供水量预测成果　　单位：万 m^3

分区	保证率	2019 年（基准年）	2025 年	2030 年	2035 年
连云区	多年平均值	5 481	5 579	5 676	5 774
	50%	4 891	4 981	5 072	5 163
	75%	3 176	3 240	3 304	3 367
	95%	1 568	1 603	1 639	1 675
海州区	多年平均值	4 808	4 893	4 979	5 065
	50%	4 288	4 368	4 447	4 526
	75%	2 790	2 846	2 902	2 958
	95%	1 360	1 391	1 422	1 453
赣榆区	多年平均值	11 490	11 695	11 901	12 106
	50%	10 292	10 482	10 673	10 864
	75%	6 739	6 874	7 009	7 144
	95%	3 381	3 458	3 534	3 611
东海县	多年平均值	15 312	15 586	15 859	16 133
	50%	13 653	13 906	14 158	14 411
	75%	8 864	9 041	9 219	9 396
	95%	4 344	4 443	4 542	4 640

表 5-14(续)

分区	保证率	2019 年(基准年)	2025 年	2030 年	2035 年
灌云县	多年平均值	10 072	10 252	10 432	10 612
	50%	8 646	8 806	8 966	9 126
	75%	5 151	5 254	5 357	5 460
	95%	2 134	2 183	2 231	2 280
灌南县	多年平均值	8 221	8 368	8 515	8 661
	50%	7 278	7 413	7 548	7 683
	75%	4 657	4 751	4 844	4 937
	95%	2 210	2 260	2 310	2 360
全市	多年平均值	55 384	56 373	57 362	58 351
	50%	49 048	49 957	50 865	51 773
	75%	31 378	32 006	32 634	33 261
	95%	14 996	15 337	15 678	16 019

5.2.1.2　调引江淮水可供水量

调引江淮水口门包括吴场枢纽、殷渡断面、南偏泓，统计上述口门年调水总量做频率分析，分别计算多年平均值、$P=50\%$、$P=75\%$、$P=95\%$的调水总量。根据调水口门年调水总量变化趋势，结合上位规划成果，预测不同水平年调水口门年调水总量。2025 年后增加通榆河常态调水量。

对不同水平年调水总量进行水平衡计算分配时，需考虑各县(区)引水工程供水能力、抽引水量、沿途泵站提水能力、输水损失、管理控制运用条件、需水量等。

连云港市调引江淮水可供水量预测成果见表 5-15。

表 5-15　连云港市调引江淮水可供水量预测成果　　单位：万 m^3

分区	保证率	2019 年(基准年)	2025 年	2030 年	2035 年
连云区	多年平均值	24 150	29 749	37 546	42 180
	50%	24 633	30 669	38 474	43 116
	75%	26 082	34 086	41 866	46 514
	95%	31 298	37 692	45 481	50 129
海州区	多年平均值	27 617	31 537	30 179	30 104
	50%	28 170	32 824	31 464	31 388
	75%	29 827	37 973	36 347	35 378
	95%	35 792	41 622	40 531	40 905
赣榆区	多年平均值	9 205	5 318	5 052	5 079
	50%	9 389	8 154	7 920	7 962
	75%	9 941	18 748	18 440	18 716
	95%	11 929	28 177	28 095	28 495

表 5-15(续)

分区	保证率	基准年 2019 年	2025 年	2030 年	2035 年
东海县	多年平均值	30 682	16 242	16 305	16 651
	50%	31 296	23 547	23 709	24 156
	75%	33 137	36 221	36 804	37 555
	95%	39 764	47 751	48 190	49 204
灌云县	多年平均值	43 710	38 474	38 348	38 971
	50%	44 584	41 005	40 891	41 525
	75%	47 207	50 005	49 189	49 905
	95%	56 648	57 290	57 529	57 774
灌南县	多年平均值	25 700	29 513	30 132	30 828
	50%	26 214	31 753	32 042	32 741
	75%	27 756	38 055	38 388	39 149
	95%	33 307	45 545	46 153	46 993
全市	多年平均值	161 064	150 832	157 561	163 813
	50%	164 285	167 952	174 501	180 888
	75%	173 949	215 089	221 034	227 217
	95%	208 739	258 077	265 979	273 501

5.2.1.3 过境水可供水量

过境水可供水量是指经过连云港市境内并加以利用的水量(包含回归水),统计年过境水量做频率分析,分别计算多年平均值、$P=50\%$、$P=75\%$、$P=95\%$时的过境水总量。参考"调查评价"成果,结合连云港市相关水利规划和上位规划,确定不同水平年过境水开发利用系数,预测过境水可供水量。

连云港市过境水可供水量预测成果见表 5-16。

表 5-16 连云港市过境水可供水量预测成果 单位:万 m³

分区	保证率	2019 年(基准年)	2025 年	2030 年	2035 年
连云区	多年平均值	1 775	1 775	1 775	1 775
	50%	1 731	1 731	1 731	1 731
	75%	1 326	1 326	1 326	1 326
	95%	978	978	978	978
海州区	多年平均值	1 852	1 852	1 852	1 852
	50%	1 792	1 792	1 792	1 792
	75%	1 342	1 342	1 342	1 342
	95%	952	952	952	952

表 5-16(续)

分区	保证率	基准年 2019 年	2025 年	2030 年	2035 年
赣榆区	多年平均值	25 550	26 061	26 582	27 114
	50%	24 912	25 410	25 918	26 437
	75%	18 905	19 283	19 669	20 062
	95%	15 071	15 222	15 374	15 528
东海县	多年平均值	35 198	35 902	36 620	37 352
	50%	31 011	31 631	32 264	32 909
	75%	25 241	25 746	26 261	26 786
	95%	18 445	18 629	18 816	19 004
灌云县	多年平均值	2 328	2 328	2 328	2 328
	50%	2 263	2 263	2 263	2 263
	75%	1 786	1 786	1 786	1 786
	95%	1 187	1 187	1 187	1 187
灌南县	多年平均值	2 160	2 160	2 160	2 160
	50%	2 070	2 070	2 070	2 070
	75%	1 680	1 680	1 680	1 680
	95%	1 350	1 350	1 350	1 350
全市	多年平均值	68 863	70 078	71 317	72 581
	50%	63 779	64 897	66 038	67 202
	75%	50 280	51 163	52 063	52 982
	95%	37 982	38 317	38 656	38 998

5.2.2　地下水可供水量

5.2.2.1　浅层地下水可供水量

浅层地下水有多年调节功能，在偏枯年份可借用地下库容储存水量，到丰水年份，降水入渗可以补给浅层地下水，多年来看保持动态平衡。连云港市浅层地下水，多年来平均可开采量 4.57 亿 m^3/a，可开采模数 10.96 万 $m^3/(km^2 \cdot a)$。

在偏枯年份东海县、赣榆区西北部水资源条件较差且供水困难的地区，鼓励利用浅层地下水进行灌溉；其他地区浅层地下水的开采量将逐年下降，特别是干旱年份浅层地下水将作为应急备用水源，最终达到涵养地下水源和保护生态的目的。连云港市浅层地下水可供水量预测成果见表 5-17。

表 5-17　连云港市浅层地下水可供水量预测成果　单位：万 m^3

分区	保证率	2019 年(基准年)	2025 年	2030 年	2035 年
连云区	多年平均值	0	0	0	0
	50%	0	0	0	0
	75%	0	0	0	0
	95%	0	0	0	0
海州区	多年平均值	80	0	0	0
	50%	80	0	0	0
	75%	80	0	0	0
	95%	80	0	0	0
赣榆区	多年平均值	300	0	0	0
	50%	300	0	0	0
	75%	300	920	1 012	1 113
	95%	300	1 580	1 738	1 912
东海县	多年平均值	300	0	0	0
	50%	300	0	0	0
	75%	300	0	0	0
	95%	300	2 300	2 530	2 783
灌云县	多年平均值	240	0	0	0
	50%	240	0	0	0
	75%	240	0	0	0
	95%	240	0	0	0
灌南县	多年平均值	280	0	0	0
	50%	280	0	0	0
	75%	280	0	0	0
	95%	280	0	0	0
全市	多年平均值	1 200	0	0	0
	50%	1 200	0	0	0
	75%	1 200	920	1 012	1 113
	95%	1 200	3 880	4 268	4 695

5.2.2.2　深层地下水可供水量

自 20 世纪 80 年代以来，连云港市开始开采深层地下水，主要是自来水厂集中供水和企业自备水井开采。由于持续过量开采，我市灌南和灌云两县形成了面积为 599.1 km^2 的地下水超采区，如果任其发展，会诱发海(咸)水入侵、地面沉降、裂缝、地下水污染等多方面的生态环境问题，使连云港市水资源的战略储备和抗旱供水能力受到严重影响。

为加强全市地下水管理，全面推进地下水超采区综合治理，2014 年连云港市水利局组织编制了《连云港市地下水压采方案》。方案明确了连云港市深层地下水开采总量控制红线，即连云港市第Ⅱ＋Ⅲ承压水开采量为 1 361 万 m^3/a（灌南县开采量为 900 万 m^3/a，灌云县开采量为 461 万 m^3/a）。

由于连云港市灌云县、灌南县地表水资源较为丰富，宜作为城镇生活、生产的主要供水水源。从加强地下水管理和当地水资源的实际情况综合考虑，除生产用水必须为深层地下水的企业之外，本次规划可供水量在规划水平年将不计入深层地下水可开采量，以起到涵养地下水源，保护生态的目的。原有自来水井及企业自备井作为应急水源使用。

生产用水必须为深层地下水的企业保留自备井，由连云港市水利部门统一管理。

5.2.3　非常规水源可供水量

非常规水源供水包括再生水回用、海水利用等。

5.2.3.1　再生水可供水量

根据《2020 连云港统计年鉴》，结合《连云港市水污染防治工作方案》《连云港市水资源保护规划》《连云港市城市给水专项规划（2016—2030）》等成果，连云港市再生水可供水量预测成果见表 5-18。

表 5-18　连云港市再生水可供水量预测成果表　　单位：万 m^3

分区	保证率	2019 年（基准年）	2025 年	2030 年	2035 年
连云区	多年平均值	913	6 388	9 417	11 607
	50%	913	6 388	9 417	11 607
	75%	913	6 388	9 417	11 607
	95%	913	6 388	9 417	11 607
海州区	多年平均值	1 278	2 190	3 650	4 745
	50%	1 278	2 190	3 650	4 745
	75%	1 278	2 190	3 650	4 745
	95%	1 278	2 190	3 650	4 745
赣榆区	多年平均值	0	730	1 825	2 920
	50%	0	730	1 825	2 920
	75%	0	730	1 825	2 920
	95%	0	730	1 825	2 920
东海县	多年平均值	0	146	219	365
	50%	0	146	219	365
	75%	0	146	219	365
	95%	0	146	219	365
灌云县	多年平均值	0	329	438	548
	50%	0	329	438	548
	75%	0	329	438	548
	95%	0	329	438	548

表 5-18(续)

分区	保证率	2019 年(基准年)	2025 年	2030 年	2035 年
灌南县	多年平均值	0	292	548	657
	50%	0	292	548	657
	75%	0	292	548	657
	95%	0	292	548	657
全市	多年平均值	2 190	10 074	16 097	20 842
	50%	2 190	10 074	16 097	20 842
	75%	2 190	10 074	16 097	20 842
	95%	2 190	10 074	16 097	20 842

5.2.3.2 海水利用可供水量

《全国海水利用"十三五"规划》中提出,"在沿海缺水城市、海岛、产业园区和西部苦咸水地区等重点领域和电力、钢铁、石化等重点行业大力推进海水利用的规模化应用,开展海水利用示范城市、示范海岛、示范园区等的建设,推广可复制的海水利用典型模式。"。

根据《连云港石化产业基地规划水资源论证报告》及其批复,2030 年,连云港市徐圩新区石化产业基地配置海水淡化 0.06 亿 m^3。

5.2.4 应急供水可供水量

5.2.4.1 应急供水布局

连云港市具备应急功能的应急备用水源地共有 6 个,连云港市蔷薇湖应急备用水源地、灌南县硕项湖水源地、东海县西双湖水库应急水源地、赣榆区青口河莒城湖应急水源地、灌云县叮当河伊云湖应急水源地和徐圩新区香河湖应急水源地,分别作为市区、灌南县、东海县、赣榆区、灌云县、徐圩新区的备用水源地。

为提高徐圩新区供水保证率,徐圩新区还建有河川水库蓄水工程,规划建设烧香支河工业应急水源工程、陬山湖工业应急水源。

(1) 连云港市蔷薇湖应急备用水源地

连云港市蔷薇湖应急备用水源地位于海州区锦屏镇和东海县张湾乡,南侧紧邻托山庙(南),北侧以蔷薇河为界,西侧以汾灌高速为界,东侧以通榆河八一引河为界。地处淮河流域沂沭泗河下游,依靠调引江淮水,功能为工农业生产及生活用水,总面积 3 480 亩,其中蓄水区(深度净化区)面积 1 750 亩;总库容 725 万 m^3,有效库容 650 m^3,死库容 61 万 m^3。蔷薇湖水源地分为取水和蓄水(湖区)两个部分,取水以蔷薇河水源为主水源,取水涵闸位于湖区东北侧蔷薇河处,通过明渠引水入取水泵站进水池。取水口的地理坐标为:东经 119°5′38.04″、北纬 34°32′3.12″,供水范围为连云港市区,供水能力为 40 万 m^3/d,应急储备水量为 650 万 m^3,满足水厂连续 14 天应急原水供应需求。

(2) 灌南县硕项湖水源地

灌南县硕项湖水源地于 2012 年建成,水面面积为 1 970 亩,自北六塘河引水入湖调蓄净化。取水口设置于硕项湖东湖中心、距岸 150 m,位于圩角庄南侧、退水闸上游约 1 000 m,地理坐标东经 119°19′20.18″,北纬 343′58.21″,取水流量为 1.15 m^3/s。设计总库容 322

万 m^3，调节库容 117 万 m^3。该水源地利用湖区调蓄水量，具备应急备用供水能力，可应急供水 10 万 m^3/d、供水 15～20 天，满足应急水源至少达到 7 天供水要求。

(3) 东海县西双湖水库应急水源地

东海县西双湖水库应急水源地为东海县应急备用水源地，位于东海县县城东湖区，昌平河、跃进河下游，为中型水库，1960 年建成蓄水，水位 32.75 m，水库可供利用蓄水量为 304 万 m^3，按现状自来水厂每天最大供水量 10 万 m^3 计算，可供 30 天用水量，可满足应急水源至少达到 7 天供水要求。正常情况水库水质长年保持Ⅱ～Ⅲ类水标准。取水口位于东海县西双湖水库饮用水源区，取水口坐标为东经 118°43′45.49″，北纬 34°32′8.35″。东海县西双湖水库应急水源地一级补充水源工程为贺庄水库、昌梨水库、石安河，分别通过跃进河、昌平河、望烟一二级站补水；二级补充水源工程为石梁河水库、磨山翻水站、羽山翻水站、龙梁河、昌西闸、竹墩闸。

(4) 赣榆区青口河莒城湖应急水源地

赣榆区青口河莒城湖应急水源地位于小塔山水库泄洪道青口河与石梁河水库灌溉渠道北干渠交界处。莒城湖为青口河中部采砂而形成的河中湖，平均水深约 10 m，总库容约 300 万 m^3，其水源主要来自二级截洪沟、青口河和地下水。青口河莒城湖水源地为赣榆区应急水源地，向莒城湖水厂供水，满足水厂连续 10 天应急供水需求。莒城湖水厂位于莒城湖东侧，占地约 100 亩，取水口位于青口河左岸，靠近河滨大道侧，取水口坐标为东经 119°0′46.78″，北纬 34°53′2.45″，总规模为 15 万 m^3/d。

(5) 灌云县叮当河伊云湖应急水源地

灌云县伊云湖应急备用水源工程位于东城区人民路东段以南，东方大道以东，三里河以北。工程永久征地 530.65 亩，临时占地约 1 000 亩。工程主要内容包括湖区土方开挖、湖区水质与生态系统工程、引送水工程、退水工程等。伊云湖总库容 125.5 万 m^3、正常调蓄库容 99.7 万 m^3。

(6) 徐圩新区香河湖应急水源地

徐圩新区香河湖应急备用水源由预处理区、复合湿地净化区、生态蓄水区三个功能区组成，预处理区占地面积约 101 亩，水面面积约 81 亩；复合湿地净化区占地面积约 322 亩，水面面积约 281 亩；生态蓄水区占地面积约 1 949 亩，水面面积约 1 778 亩；绿化、堤防道路、管理房、泵站等占地面积约 290 亩；总占地面积约 2 986 亩。满足徐圩新区连续 10 天应急水源供应，应急水量为 45 万 m^3/d，连续 10 天供水总量为 450 万 m^3。

徐圩新区送水工程蓄水工程部分利用徐圩新区河川水库进行调蓄，在丰水期引善后河水蓄于河川水库内，区域内无企业及农灌从河川水库取水，供水不足时抽取河川水库蓄水用于生产。蓄水工程主要为开挖张圩港河 7.7 km，河底宽 100 m、河底高程为－0.5～－1.0 m。开挖中心河 15.5 km，河底宽 50～70 m，河底高程－1.0 m，建相应的节制工程形成河川水库。已建蓄水工程规模为 1 211 万 m^3。

按照《江苏省沂北地区水利治理规划》中所拟河道规模，结合正在实施的烧香河南段综合治理工程，将烧香支河(徐新路—烧香河闸段)作为工业应急水源，疏浚拓浚该段烧香支河 13 km，河道正常蓄水位为 1.80 m，设计河底高程为－2.00 m。拓浚段烧香支河设计河底宽度为 40～60 m，设计河口宽 100 m。在徐新路以南 1 km 处设节制闸(满足Ⅴ级航道通航)，于烧香支河沿线各支流入汇处设支流节制闸，以形成封闭蓄水区域，本次实施的烧香支河有效蓄水量约 126 万 m^3,2021 年底投入使用。

远期结合陬山湖、徐圩新区第二水厂建设,以陬山湖为远期工业应急水源,于烧香河闸北侧约 0.5 km 处新建引水泵站一处,结合徐圩新区给水管网规划布置方案,布设引水管道引水入陬山湖,可新增有效蓄水量约 414 万 m^3。

5.2.4.2　应急供水可供水量

连云港市应急水源可供水量 3 601 万 m^3。连云港市应急水源及可供水量成果表见表 5-19。

表 5-19　连云港市应急水源及可供水量成果表

序号	应急水源名称	建设时间	应急水量/万 m^3
1	连云港市蔷薇湖应急备用水源地	2014 年	650
2	灌南县硕项湖水源地	2012 年	200
3	东海县西双湖水库应急水源地	—	300
4	赣榆区青口河莒城湖应急水源地	2018 年	150
5	灌云县叮当河伊云湖应急水源地	2019 年	100
6	徐圩新区应急水源地(香河湖)	2017 年	450
7	烧香支河工业应急水源地	2019 年	126
8	徐圩新区送水工程蓄水工程	2012 年	1211
9	陬山湖工业应急水源地	2025 年	414
合计			3 601

5.3　供需分析

5.3.1　供需平衡思路

水资源的合理配置一般要经过三次供需平衡分析,根据平衡分析结果,逐步调整供需两端方案,最终达到供需平衡。

“一次供需分析”:进行水资源一次供需分析的目的是在无新增供水和节水等投入情况下,定量确定区域水资源供需前景,充分暴露发展进程中的水资源供需矛盾,是以现状为基础的未来最大供需缺口。一次平衡中的需水量是指各个规划水平年社会经济按照当地政府制定的目标发展、节水措施正常投入、维持现状生态保护目标的需水量。供水量以现有水利设施不变,但扣除不合理的供水量,如水质未达到用水户水质标准,即零方案。

“二次供需分析”:若“一次供需分析”有缺口,在一次平衡基础上,立足当地水资源条件,在需求侧通过各种节水措施进一步压缩需求,进行水价调整和增强管理来抑制需水过快增长;供给侧通过增加当地可利用水量,进一步挖掘区域内供水潜力。在抑制需求和增加供给共同作用下,一次平衡的供需缺口将大幅度降低,二次平衡后的供需缺口实质上是充分发挥当地水资源承载能力条件下仍然不能解决的缺口，只有通过实施外流域调水工程解决。

“三次供需分析”：若“二次供需分析”仍有较大缺口，则考虑实施外调水源工程，同时考虑对外调水供水区的供水结构进行调整，力求实现“优水优用”和供需基本平衡。

5.3.2　水资源配置方案

连云港市水资源具有总量不足和时空分布不均的特点，水资源的开发利用具有用水量大、供需矛盾突出的特点。

根据对连云港市现状工程情况下的缺水状况和未来节水潜力与新增供水能力的分析，围绕多种可能的开源节流措施，在方案可行域内，针对不同区域存在的水问题，结合实际，从方式和规模上进行多种组合，形成多种水资源配置方案。通过对不同配置方案时的水资源供需平衡结果的分析比较，并根据实际情况进行合理调整，最终提出推荐水资源配置方案。

方案1：对应“一次供需平衡分析”，该配置方案是在不考虑增加新建水源工程和新供水措施，也不考虑强化节水情况下，充分挖掘现有水源工程供水能力与各水平年正常增长的需水要求组成各水平年的一组方案，进行各规划水平年供需水余缺分析。

方案2：对应“二次供需平衡分析”，该配置方案是在方案1的基础上，考虑规划水源工程建设增加的供水能力和实行强化节水措施。供水方案按技术合理和经济可行，逐步兴建蓄水工程，并增加再生水利用，与强化节水条件下需水方案组合的供需水方案。

方案3：对应“三次供需平衡分析”，在方案1和方案2的基础上，考虑增加外调水纳入供水方案。

5.3.3　基准年供需平衡

5.3.3.1　基准年供需分析目的

基准年水资源供需分析的目的是摸清水资源开发利用在现状条件下存在的主要问题，分析水资源供需结构、利用效率和工程布局的合理性，提出水资源供需分析中的供水满足程度、余缺水量、缺水程度、缺水性质、缺水原因等指标，缺水程度可用缺水率(指缺水量与需水量的比值，用百分比表示，以反映供水不足时缺水的严重程度)表示。

5.3.3.2　基准年供需分析成果

基准年供需分析是指在现状年(2019年)的基础上，对现状供水工程条件下不同供水保证率时(多年平均值、$P=50\%$、75%、95%)国民经济各部门的用水量与供水量进行供需平衡分析，以行政分区为单元进行水量余缺分析。连云港市基准年供需平衡分析见表5-20。

5.3.3.3　基准年供需分析结论

通过对各规划分区基准年不同来水频率的供、用水情况进行分析，结果表明：在现状工程供水能力和供水格局的条件下，在多年平均年份，连云港市可以维持现有的工农业生产用水需求；在$P=50\%$频率的平水年份，连云港市可以维持现有的工农业生产用水需求；而在$P=75\%$频率的枯水年份，全市缺水5 940万m^3，缺水率为2.05%；$P=95\%$频率的特枯水年份，将出现较严重缺水，缺水总量达20 489万m^3，缺水率达6.37%。

表 5-20 连云港市基准年供需平衡分析成果表

分区		保证率	近期(2025 年)			
			需水量/万 m^3	供水量/万 m^3	缺水量/万 m^3	缺水率/%
行政分区	连云区	多年平均值	25 720	25 720	0	0.00
		50%	25 998	25 998	0	0.00
		75%	27 293	27 293	0	0.00
		95%	28 979	28 273	706	2.44
	海州区	多年平均值	38 316	38 316	0	0.00
		50%	39 023	39 023	0	0.00
		75%	42 266	41 266	1 000	2.37
		95%	46 722	43 722	3 000	6.42
	赣榆区	多年平均值	42 599	42 599	0	0.00
		50%	42 751	42 751	0	0.00
		75%	46 733	44 793	1 940	4.15
		95%	51 707	47 057	4 650	8.99
	东海县	多年平均值	66 327	66 327	0	0.00
		50%	67 683	67 683	0	0.00
		75%	73 868	70 868	3 000	4.06
		95%	82 553	74 553	8 000	9.69
	灌云县	多年平均值	50 779	50 779	0	0.00
		50%	51 805	51 805	0	0.00
		75%	56 379	56 379	0	0.00
		95%	62 869	59 866	3 003	4.78
	灌南县	多年平均值	39 707	39 707	0	0.00
		50%	40 576	40 576	0	0.00
		75%	43 807	43 807	0	0.00
		95%	48 987	47 857	1 130	2.31
水资源分区	沂南区	多年平均值	39 707	39 707	0	0.00
		50%	40 576	40 576	0	0.00
		75%	43 807	43 807	0	0.00
		95%	48 987	47 857	1 130	2.31
	沂北区	多年平均值	181 142	181 142	0	0.00
		50%	184 509	184 509	0	0.00
		75%	199 806	195 806	4 000	2.00
		95%	221 123	206 414	14 709	6.65
	赣榆区	多年平均值	42 599	42 599	0	0.00
		50%	42 751	42 751	0	0.00
		75%	46 733	44 793	1 940	4.15
		95%	51 707	47 057	4 650	8.99

表 5-20(续)

分区	保证率	近期(2025 年)			
		需水量/万 m^3	供水量/万 m^3	缺水量/万 m^3	缺水率/%
全市合计	多年平均值	263 448	263 448	0	0.00
	50%	267 836	267 836	0	0.00
	75%	290 346	284 406	5 940	2.05
	95%	321 817	301 328	20 489	6.37

通过基准年供需平衡分析，得出以下结论：

(1) 总体缺水严重

连云港市属于资源性缺水、工程性缺水和水质性缺水共存，水资源供需矛盾突出。从基准年供需平衡成果可以看出当地水资源条件不佳、经济发展较快和以农业灌溉面积大是造成缺水严重的主要原因。

(2) 严重依赖江淮水

本地地表水拦蓄能力较差，地表水源远远不能满足经济社会发展的需要，常年需利用过境水、调引江淮水补给，供水保障率不稳定。

(3) 年际、年内缺水量变化大

由基准年供需平衡分析成果可以看出：全市缺水状况与区域降水量有较大关系，降水量较大的年份一般缺水量较少。年内不同月份缺水差别较大，缺水最严重的月份是 5 月和 6 月，这个时期也是工、农业争水最严重的月份，因此，如何保证缺水最严重月份的需水，也是水资源开发利用中迫切需要解决的问题。

(4) 部分区域水源条件差

如东海县、赣榆区西北部为丘陵区，水源条件较差，主要依靠本地水资源供给，江淮水对丘陵区供水能力不足。枯水年及特枯水年份，本地水资源不足，缺水严重，迫切需要解决。

(5) 浅层地下水未能有效利用

浅层地下水有多年调节功能，在偏枯年份可借用地下库容储存水，到丰水年份，降水入渗可以补给浅层地下水，多年来看保持动态平衡。由基准年供需平衡分析成果可以看出：连云港市浅层地下水开采量低，未能在偏枯、特枯年份起到提高供水保障率的作用。

(6) 再生水占比太小

受经济条件所限，连云港市再生水量少，除连云区、海州区等经济条件较好的工业园区开展了再生水利用，其他县区皆无再生水量利用。

5.3.4　规划年供需平衡

5.3.4.1　“方案一”供需平衡分析

水资源一次供需平衡分析，是以连云港市现状工程的供水能力，不考虑治污挖潜的增供水量，且不考虑新增节水措施的正常增长的需水要求(即基本需水方案)，进行水资源供需平衡分析。一次供需平衡分析结果见表 5-21。

由表 5-21 可知：通过对规划水平年不同来水频率的供水、需水情况进行分析，结果表明：在现状水资源开发利用格局和发挥现有供水工程潜力的情况下，按照目前的用水水平发

表 5-21 “方案一”供需平衡分析结果表

分区		保证率	近期(2025 年)				中期(2030 年)				远期(2035 年)			
			需水量/万 m^3	供水量/万 m^3	缺水量/万 m^3	缺水率/%	需水量/万 m^3	供水量/万 m^3	缺水量/万 m^3	缺水率/%	需水量/万 m^3	供水量/万 m^3	缺水量/万 m^3	缺水率/%
行政分区	连云区	多年平均值	45 665	45 665	0	0.00	57 135	53 414	3 721	6.51	64 404	59 337	5 067	7.87
		50%	46 616	46 050	566	1.21	58 577	54 123	4 454	7.60	66 311	60 054	6 257	9.44
		75%	48 680	46 495	2 185	4.49	60 786	55 809	4 977	8.19	68 642	60 851	7 791	11.35
		95%	50 937	46 664	4 273	8.39	63 480	57 000	6 480	10.21	72 786	61 159	11 627	15.97
	海州区	多年平均值	42 497	42 497	0	0.00	42 693	42 693	0	0.00	43 855	43 267	588	1.34
		50%	44 387	42 800	1 587	3.58	45 913	43 519	2 394	5.21	47 969	44 068	3 901	8.13
		75%	48 512	43 338	5 174	10.67	49 849	44 288	5 561	11.16	51 030	44 792	6 238	12.22
		95%	53 585	43 855	9 730	18.16	55 528	44 755	10 773	19.40	58 710	45 555	13 155	22.41
	赣榆区	多年平均值	45 994	44 500	1 494	3.25	47 628	45 160	2 468	5.18	49 579	46 218	3 361	6.78
		50%	47 406	45 235	2 171	4.58	49 142	45 580	3 562	7.25	51 180	46 512	4 668	9.12
		75%	51 942	46 155	5 787	11.14	53 463	46 255	7 208	13.48	55 565	47 255	8 310	14.96
		95%	57 601	47 066	10 535	18.29	59 993	47 366	12 627	21.05	63 344	48 266	15 078	23.80
	东海县	多年平均值	71 270	67 876	3 394	4.76	72 453	68 003	4 450	6.14	74 026	68 501	5 525	7.46
		50%	73 367	69 042	4 325	5.90	74 726	68 830	5 896	7.89	76 477	69 490	6 987	9.14
		75%	81 118	70 554	10 564	13.02	82 051	70 502	11 549	14.08	83 901	71 302	12 599	15.02
		95%	90 869	71 169	19 700	21.68	92 935	71 696	21 239	22.85	96 990	72 096	24 894	25.67
	灌云县	多年平均值	53 951	52 382	1 569	2.91	54 123	52 446	1 677	3.10	55 081	52 958	2 123	3.85
		50%	55 561	53 664	1 897	3.41	56 748	53 790	2 958	5.21	57 847	53 931	3 916	6.77
		75%	61 703	57 666	4 037	6.54	62 186	57 918	4 268	6.86	63 350	58 206	5 144	8.12
		95%	69 011	58 888	10 123	14.67	69 973	59 085	10 888	15.56	73 694	59 588	14 106	19.14
	灌南县	多年平均值	42 350	42 350	0	0.00	43 422	43 422	0	0.00	44 421	43 306	1 115	2.51
		50%	44 056	44 056	0	0.00	44 903	44 562	341	0.76	46 031	43 931	2 100	4.56
		75%	48 187	45 035	3 152	6.54	49 068	45 358	3 710	7.56	50 255	45 967	4 288	8.53
		95%	53 728	46 748	6 980	12.99	55 510	46 943	8 567	15.43	57 905	47 223	10 682	18.45

表 5-21(续)

分区		保证率	近期(2025 年)				中期(2030 年)				远期(2035 年)			
			需水量/万 m^3	供水量/万 m^3	缺水量/万 m^3	缺水率/%	需水量/万 m^3	供水量/万 m^3	缺水量/万 m^3	缺水率/%	需水量/万 m^3	供水量/万 m^3	缺水量/万 m^3	缺水率/%
水资源分区	沂南区	多年平均值	42 350	42 350	0	0.00	43 422	43 422	0	0.00	44 421	43 306	1 115	2.51
		50%	44 056	44 056	0	0.00	44 903	44 562	341	0.76	46 031	43 931	2 100	4.56
		75%	48 187	45 035	3 152	6.54	49 068	45 358	3 710	7.56	50 255	45 967	4 288	8.53
		95%	53 728	46 748	6 980	12.99	55 510	46 943	8 567	15.43	57 905	47 223	10 682	18.45
	沂北区	多年平均值	213 383	208 420	4 963	2.33	226 404	216 556	9 848	4.35	237 366	224 063	13 303	5.60
		50%	219 931	211 556	8 375	3.81	235 964	220 262	15 702	6.65	248 604	227 543	21 061	8.47
		75%	240 013	218 053	21 960	9.15	254 872	228 517	26 355	10.34	266 923	235 152	31 772	11.90
		95%	264 402	220 576	43 826	16.58	281 916	232 536	49 380	17.52	302 180	238 398	63 782	21.11
	赣榆区	多年平均值	45 994	44 500	1 494	3.25	47 628	45 160	2 468	5.18	49 579	46 218	3 361	6.78
		50%	47 406	45 235	2 171	4.58	49 142	45 580	3 562	7.25	51 180	46 512	4 668	9.12
		75%	51 942	46 155	5 787	11.14	53 463	46 255	7 208	13.48	55 565	47 255	8 310	14.96
		95%	57 601	47 066	10 535	18.29	59 993	47 366	12 627	21.05	63 344	48 266	15 078	23.80
全市合计		多年平均值	301 727	295 270	6 457	2.14	317 454	305 138	12 316	3.88	331 366	313 587	17 779	5.37
		50%	311 393	300 847	10 546	3.39	330 009	310 404	19 605	5.94	345 815	317 986	27 829	8.05
		75%	340 142	309 243	30 899	9.08	357 403	320 130	37 273	10.43	372 743	328 373	44 370	11.90
		95%	375 731	314 390	61 341	16.33	397 419	326 845	70 574	17.76	423 429	333 887	89 542	21.15

展，2025 年，连云港市在多年平均值及 $P=50\%$频率的平水年即出现缺水，全市总缺水量分别为 0.65 亿 m^3、1.05 亿 m^3，缺水率达 2.14%、3.39%；$P=75\%$频率的枯水年份缺水加剧，全市总缺水量为 3.095 亿 m^3，缺水率为 9.08%；$P=95\%$频率的特枯水年份，缺水将更严重，全市所有县区均缺水，缺水量高达 6.13 亿 m^3，缺水率为 16.33%。

2030 年，连云港市按既定的社会经济发展目标，供需分析中将出现较大的缺口，缺水较 2025 年加剧。$P=75\%$频率的枯水年份缺水量高达 3.73 亿 m^3，缺水率为 10.43%；$P=95\%$频率的特枯水年份，缺水量高达 7.06 亿 m^3，缺水率为 17.76%。

2035 年，连云港市按既定的社会经济发展目标，供需分析中将出现较大的缺口，缺水较 2025 年加剧。$P=75\%$频率的枯水年份缺水量高达 4.44 亿 m^3，缺水率为 11.90%；$P=95\%$频率的特枯水年份，缺水量高达 8.95 亿 m^3，缺水率为 21.15%。

由以上分析可知：在保持现有用水水平和没有供水投入的情况下，连云港市在未来发展过程中将出现较为严重的缺水问题，水资源短缺必将成为当地社会和经济发展的主要制约因素。

5.3.4.2 “方案二”供需平衡分析

水资源二次供需平衡分析，是在一次供需平衡分析的基础上，在需水端考虑采用先进的节水措施和技术，进一步加大节水力度，既采用强化节水方案，在供水端考虑新增水源工程（三洋港平原水库、埒子口平原水库、石梁河水库抬高蓄水位等），包括加强再生水、浅层地下水的利用（枯水年份和特枯水年份）等，增加可供水量，进行水资源供需平衡分析。二次供需平衡分析结果见表 5-22。

由表 5-22 可以看出：在“方案二”条件下，由于新增供水工程增加了部分供水量，同时强化节水措施压缩了一定的需水量，与“方案一”相比较缺水量有所减少。

2025 年，多年平均值及 $P=50\%$频率平水年份不缺水，75%枯水年份和 95%特枯水年份缺水量分别为 0.96 亿 m^3 和 3.35 亿 m^3，缺水率为 3.03%、9.63%。

2030 年，多年平均值、$P=50\%$平水年份、75%枯水年份和 95%特枯水年份缺水量分别为 0.12 亿 m^3、0.30 亿 m^3、1.29 亿 m^3 和 3.83 亿 m^3，缺水率分别为 0.40%、0.96%、3.86%、10.48%。

2035 年，多年平均值、$P=50\%$平水年份、75%枯水年份和 95%特枯水年份缺水量分别为 0.50 亿 m^3、1.01 亿 m^3、5.74 亿 m^3 和 12.29 亿 m^3，缺水率分别为 1.58%、3.08%、5.74%、12.29%。

由以上分析可知：依靠新增供水工程挖掘当地水资源潜力和加大节水力度，压制用水需求的做法，可以明显缓解缺水压力，但未来连云港市用水仍存在紧张局面。为此，应积极考虑加大境外引水，争取实现通榆河常态供水，同时加强本地供水水源工程的建设，开展节水型社会建设，全面提高用水效率，治污挖潜，开源与节流并举，才能最大限度解决连云港市的缺水问题。

5.3.4.3 “方案三”供需平衡分析

通过以上两次供需平衡分析可知连云港市主要存在资源性、工程性缺水共存的局面，即使采取加大节水力度、增加地表蓄水和河库提水量等措施后，连云港市未来仍存在缺水问题。对于局部缺水比较严重的地区，如东海县、赣榆区等，仅靠节水和当地水资源仍然不能解决其缺水问题。因此，必须在方案 2 基础上考虑增大跨区域调水，增加境外引水工程供水

表 5-22 "方案二"供需平衡分析结果表

分区		保证率	近期(2025 年)				中期(2030 年)				远期(2035 年)			
			需水量/万 m^3	供水量/万 m^3	缺水量/万 m^3	缺水率/%	需水量/万 m^3	供水量/万 m^3	缺水量/万 m^3	缺水率/%	需水量/万 m^3	供水量/万 m^3	缺水量/万 m^3	缺水率/%
行政分区	连云区	多年平均值	43 490	43 490	0	0.00	54 414	54 414	0	0.00	61 337	59 337	2 000	3.26
		50%	44 186	44 186	0	0.00	55 523	55 523	0	0.00	62 854	60 054	2 800	4.45
		75%	45 495	45 495	0	0.00	56 809	56 809	0	0.00	64 151	60 851	3 300	5.14
		95%	47 164	46 664	500	1.06	58 500	57 000	1 500	2.56	65 859	61 159	4 700	7.14
	海州区	多年平均值	40 473	40 473	0	0.00	40 660	40 660	0	0.00	41 767	41 767	0	0.00
		50%	42 073	42 073	0	0.00	43 519	43 519	0	0.00	45 468	44 068	1 400	3.08
		75%	45 338	43 338	2 000	4.41	46 588	44 288	2 300	4.94	47 692	44 792	2 900	6.08
		95%	49 616	43 855	5 761	11.61	50 952	44 755	6 197	12.16	52 945	45 555	7 390	13.96
	赣榆区	多年平均值	43 804	43 804	0	0.00	45 360	45 160	200	0.44	47 218	46 218	1 000	2.12
		50%	44 935	44 935	0	0.00	46 580	45 580	1 000	2.15	48 512	46 512	2 000	4.12
		75%	48 544	46 155	2 389	4.92	49 965	46 255	3 710	7.43	51 930	47 255	4 675	9.00
		95%	53 334	47 066	6 268	11.75	54 901	47 366	7 535	13.72	56 921	48 266	8 655	15.21
	东海县	多年平均值	67 876	67 876	0	0.00	69 003	68 003	1 000	1.45	70 501	68 501	2 000	2.84
		50%	69 542	69 542	0	0.00	70 830	68 830	2 000	2.82	72 490	69 490	3 000	4.14
		75%	75 811	70 554	5 257	6.93	76 683	70 502	6 181	8.06	78 412	71 302	7 110	9.07
		95%	84 138	71 169	12 969	15.41	85 310	71 696	13 614	15.96	87 147	72 096	15 051	17.27
	灌云县	多年平均值	51 382	51 382	0	0.00	51 546	51 546	0	0.00	52 458	52 458	0	0.00
		50%	52 664	52 664	0	0.00	53 790	53 790	0	0.00	54 831	53 931	900	1.64
		75%	57 666	57 666	0	0.00	58 118	57 918	200	0.34	59 206	58 206	1 000	1.69
		95%	63 899	58 888	5 011	7.84	64 605	59 085	5 520	8.54	65 774	59 588	6 186	9.40
	灌南县	多年平均值	40 333	40 333	0	0.00	41 354	41 354	0	0.00	42 306	42 306	0	0.00
		50%	41 759	41 759	0	0.00	42 562	42 562	0	0.00	43 631	43 631	0	0.00
		75%	45 035	45 035	0	0.00	45 858	45 358	500	1.09	46 967	45 967	1 000	2.13
		95%	49 748	46 748	3 000	6.03	50 843	46 943	3 900	7.67	52 023	47 223	4 800	9.23

表 5-22(续)

分区		保证率	近期(2025 年)				中期(2030 年)				远期(2035 年)			
			需水量/万 m^3	供水量/万 m^3	缺水量/万 m^3	缺水率/%	需水量/万 m^3	供水量/万 m^3	缺水量/万 m^3	缺水率/%	需水量/万 m^3	供水量/万 m^3	缺水量/万 m^3	缺水率/%
水资源分区	沂南区	多年平均值	40 333	40 333	0	0.00	41 354	41 354	0	0.00	42 306	42 306	0	0.00
		50%	41 759	41 759	0	0.00	42 562	42 562	0	0.00	43 631	43 631	0	0.00
		75%	45 035	45 035	0	0.00	45 858	45 358	500	1.09	46 967	45 967	1 000	2.13
		95%	49 748	46 748	3 000	6.03	50 843	46 943	3 900	7.67	52 023	47 223	4 800	9.23
	沂北区	多年平均值	203 221	203 221	0	0.00	215 623	214 623	1 000	0.46	226 063	222 063	4 000	1.77
		50%	208 465	208 465	0	0.00	223 662	221 662	2 000	0.89	235 643	227 543	8 100	3.44
		75%	224 310	217 053	7 257	3.24	238 198	229 517	8 681	3.64	249 461	235 151	14 310	5.74
		95%	244 817	220 576	24 241	9.90	259 367	232 536	26 831	10.34	271 725	238 398	33 327	12.26
	赣榆区	多年平均值	43 804	43 804	0	0.00	45 360	45 160	200	0.44	47 218	46 218	1 000	2.12
		50%	44 935	44 935	0	0.00	46 580	45 580	1 000	2.15	48 512	46 512	2 000	4.12
		75%	48 544	46 155	2 389	4.92	49 965	46 255	3 710	7.43	51 930	47 255	4 675	9.00
		95%	53 334	47 066	6 268	11.75	54 901	47 366	7 535	13.72	56 921	48 266	8 655	15.21
全市合计		多年平均值	287 358	287 358	0	0.00	302 337	301 137	1 200	0.40	315 587	310 587	5 000	1.58
		50%	295 159	295 159	0	0.00	312 804	309 804	3 000	0.96	327 786	317 686	10 100	3.08
		75%	317 889	308 243	9 646	3.03	334 021	321 130	12 891	3.86	348 358	328 373	19 985	5.74
		95%	347 899	314 390	33 509	9.63	365 111	326 845	38 266	10.48	380 669	333 887	46 782	12.29

量，可以进一步缓解连云港市用水紧张问题。

方案 3 是在前两次供需平衡分析的基础上，把增大通榆河调水量纳入连云港市供水系统中，通过对当地地表水资源和通榆河新增调水量的合理配置，从而实现水资源的三次供需平衡。三次供需平衡分析结果见表 5-23。

由表 5-23 可以看出：在“方案三”条件下，由于增加了境外引水量，“方案三”与“方案二”相比缺水量又有所减少。各规划水平年在多年平均值及 $P=50\%$ 平水年份各县区均不缺水。

2025 年，由于通榆河调水量规模的增加，各县区缺水均有较大程度改善，$P=75\%$ 枯水年份，全市缺水 0.47 亿 m^3，缺水率为 1.5%；$P=95\%$ 特枯水年份全市缺水 1.44 亿 m^3，缺水率为 4.1%，各县区缺水主要体现在农业灌溉水不足。

2030 年，由于通榆河调水量规模的增加，各县区缺水均有较大程度改善，$P=75\%$ 枯水年份，全市缺水 0.59 亿 m^3，缺水率为 1.8%；$P=95\%$ 特枯水年份全市缺水 1.66 亿 m^3，缺水率为 4.5%，各县区缺水主要体现在农业灌溉水不足。

2035 年，由于通榆河调水量为规模的增加，各县区缺水情况均有较大程度改善，$P=75\%$ 枯水年，全市缺水 0.73 亿 m^3，缺水率为 2.1%；$P=95\%$ 特枯水年份全市缺水 2.04 亿 m^3，缺水率为 5.4%，各县区缺水主要体现在农业灌溉水不足。

通榆河外调水主要供给连云港市区、赣榆区使用，对于以上区域工业缺水问题有较大帮助，但是没有从本质上解决干旱年农业用水高峰期缺水问题，同时由于各行业用水增长夺取了部分农业用水，所以未来遇到特枯年份，连云港市农业用水高峰期灌溉用水暂时短缺的问题依然难以得到解决。

由以上分析可知：通过立足于当地水资源，积极调引江淮水，开展节水型社会建设，全面提高用水效率，开源与节流措施并举，可以在很大程度上满足连云港市不断增长的用水需求，缓解缺水压力。

5.4　水资源配置

水资源配置是指在流域或特定的区域范围内，遵循公平、高效和可持续的原则，在综合采用合理抑制需求、有效增加供水、积极保护水资源策略的基础上，通过工程和非工程手段和措施，对区内水资源进行统筹调配。

水资源配置是水资源综合规划的重要组成部分，以水资源供需分析为手段，在对现状供需分析、各种合理抑制需求、有效增加供水、积极保护生态环境等措施分析和组合的基础上，确定水资源配置总体策略，协调水资源布局与经济社会发展模式，提出各区水资源开发重点与利用方式、产业发展与土地利用调整方向、社会管理要求具体的配置格局。

5.4.1　基本思路

围绕经济社会发展和在生态环境的国土布局基础上，在采取强化节水意识、有效增加供水、积极保护生态环境等措施进行分析和组合的基础上，优化水资源配置，协调水资源布局与经济社会发展模式。根据连云港市水资源分布特点和社会经济发展总体布局以及生态环境对水资源的需求，进一步提高水资源供给保障能力，逐步调整供用水结构，实施分质供水，

表 5-23 “方案三”供需平衡分析结果表

分区		保证率	近期(2025 年)				中期(2030 年)				远期(2035 年)			
			需水量/万 m³	供水量/万 m³	缺水量/万 m³	缺水率/%	需水量/万 m³	供水量/万 m³	缺水量/万 m³	缺水率/%	需水量/万 m³	供水量/万 m³	缺水量/万 m³	缺水率/%
行政分区	连云区	多年平均值	43 490	43 490	0	0.0	54 414	54 414	0	0.0	61 337	61 337	0	0.0
		50%	44 186	44 186	0	0.0	55 523	55 523	0	0.0	62 854	62 854	0	0.0
		75%	45 495	45 495	0	0.0	56 809	56 809	0	0.0	64 151	64 151	0	0.0
		95%	47 164	47 164	0	0.0	58 500	58 500	0	0.0	65 859	65 859	0	0.0
	海州区	多年平均值	40 473	40 473	0	0.0	40 660	40 660	0	0.0	41 767	41 767	0	0.0
		50%	42 073	42 073	0	0.0	43 519	43 519	0	0.0	45 468	45 468	0	0.0
		75%	45 338	45 338	0	0.0	46 588	46 588	0	0.0	47 692	47 692	0	0.0
		95%	49 616	49 055	561	1.1	50 952	49 555	1 397	2.7	52 945	51 055	1 890	3.6
	赣榆区	多年平均值	43 804	43 804	0	0.0	45 360	45 360	0	0.0	47 218	47 218	0	0.0
		50%	44 935	44 935	0	0.0	46 580	46 580	0	0.0	48 512	48 512	0	0.0
		75%	48 544	47 555	989	2.0	49 965	48 255	1 710	3.4	51 930	49 755	2 175	4.2
		95%	53 334	50 366	2 968	5.6	54 901	51 366	3 535	6.4	56 921	51 866	5 055	8.9
	东海县	多年平均值	67 876	67 876	0	0.0	69 003	69 003	0	0.0	70 501	70 501	0	0.0
		50%	69 542	69 542	0	0.0	70 830	70 830	0	0.0	72 490	72 490	0	0.0
		75%	75 811	72 054	3 757	5.0	76 683	72 502	4 181	5.5	78 412	73 302	5 110	6.5
		95%	84 138	75 069	9 069	10.8	85 310	75 896	9 414	11.0	87 147	76 696	10 451	12.0
	灌云县	多年平均值	51 382	51 382	0	0.0	51 546	51 546	0	0.0	52 458	52 458	0	0.0
		50%	52 664	52 664	0	0.0	53 790	53 790	0	0.0	54 831	54 831	0	0.0
		75%	57 666	57 666	0	0.0	58 118	58 118	0	0.0	59 206	59 206	0	0.0
		95%	63 899	62 088	1 811	2.8	64 605	62 385	2 220	3.4	65 774	62 788	2 986	4.5
	灌南县	多年平均值	40 333	40 333	0	0.0	41 354	41 354	0	0.0	42 306	42 306	0	0.0
		50%	41 759	41 759	0	0.0	42 562	42 562	0	0.0	43 631	43 631	0	0.0
		75%	45 035	45 035	0	0.0	45 858	45 858	0	0.0	46 967	46 967	0	0.0
		95%	49 748	49 748	0	0.0	50 843	50 843	0	0.0	52 023	52 023	0	0.0

表 5-23(续)

分区		保证率	近期(2025 年)				中期(2030 年)				远期(2035 年)			
			需水量/万 m^3	供水量/万 m^3	缺水量/万 m^3	缺水率/%	需水量/万 m^3	供水量/万 m^3	缺水量/万 m^3	缺水率/%	需水量/万 m^3	供水量/万 m^3	缺水量/万 m^3	缺水率/%
水资源分区	沂南区	多年平均值	40 333	40 333	0	0.0	41 354	41 354	0	0.0	42 306	42 306	0	0.0
		50%	41 759	41 759	0	0.0	42 562	42 562	0	0.0	43 631	43 631	0	0.0
		75%	45 035	45 035	0	0.0	45 858	45 858	0	0.0	46 967	46 967	0	0.0
		95%	49 748	49 748	0	0.0	50 843	50 843	0	0.0	52 023	52 023	0	0.0
	沂北区	多年平均值	203 221	203 221	0	0.0	215 623	215 623	0	0.0	226 062	226 062	0	0.0
		50%	208 464	208 464	0	0.0	223 662	223 662	0	0.0	235 643	235 643	0	0.0
		75%	224 310	220 553	3 757	1.7	238 198	234 017	4 181	1.8	249 460	244 351	5 110	2.0
		95%	244 817	233 376	11 441	4.7	259 368	246 336	13 031	5.0	271 725	256 398	15 328	5.6
	赣榆区	多年平均值	43 804	43 804	0	0.0	45 360	45 360	0	0.0	47 218	47 218	0	0.0
		50%	44 935	44 935	0	0.0	46 580	46 580	0	0.0	48 512	48 512	0	0.0
		75%	48 544	47 555	989	2.0	49 965	48 255	1 710	3.4	51 930	49 755	2 175	4.2
		95%	53 334	50 366	2 968	5.6	54 901	51 366	3 535	6.4	56 921	51 866	5 055	8.9
全市合计		多年平均值	287 358	287 358	0	0.0	302 337	302 337	0	0.0	315 587	315 587	0	0.0
		50%	295 158	295 158	0	0.0	312 804	312 804	0	0.0	327 786	327 786	0	0.0
		75%	317 889	313 144	4 745	1.5	334 021	328 129	5 892	1.8	348 357	341 072	7 285	2.1
		95%	347 899	333 490	14 409	4.1	365 111	348 545	16 566	4.5	380 669	360 287	20 382	5.4

优水优用。

5.4.2 配置原则

（1）按供水保证率的高低要求顺序供水，一般必须优先满足城镇、农村生活用水要求，然后分别满足工业、农业用水要求。如果来水较枯，平衡计算后不能满足生活和工业用水要求时，削减河道内的生态用水，尽量协调生活和工业用水要求。

（2）配置的基本单元分为二种：水资源四级区和各县区单元存在缺水，进行调算后最后再进行整个连云港市的供需平衡。

（3）平衡单元内，供水水源遵循先当地后客水、先活水后库水的原则。水源使用的先后次序为：无调节供水工程、概化有调节蓄水工程、再生水利用、地下水供水工程、调水工程。

5.4.3 整体布局

围绕城乡饮水、农业生产、生态环境、重点工业等重点领域，确定了总体配置方案，并通过工程调配手段，进行区域水资源的优化配置，确定水资源配置总体布局。

将配置“方案三”作为推荐方案，同时考虑了节水工程的投入、本地新水源工程和增加通榆河调水量，通过各种生活、工业和农业节水措施，提高了水的利用效率，有效缓解了连云港市水资源紧张局面。

连云港市的供水主要由当地水库塘坝和调引江淮水组成。本地水库主要有以石梁河、小塔山为代表的大、中小型水库。现状条件下进入连云港市的外来供水水源由四个部分组成：一是苏北供水（桑墟电站、蔷北地涵、沭新退水闸）；二是新沂河南偏泓供水；三是盐河殷渡供水；四是通榆河供水。

根据连云港市水土资源分布特点和社会经济发展总体布局以及生态环境对水资源的需求，提出连云港市水资源配置总体布局如下。

（1）进一步提高水资源供给保障能力

连云港市水资源利用率不高，供需矛盾较为突出，规划期需进一步提高水资源供给保障能力。本规划提出“挖掘地表水，增大引提水，鼓励再生水，依托外调水”为主旨的总体开发思路。主要通过对现有地表水源工程挖潜配套、污水处理回用工程建设等工程措施进一步挖掘当地地表水资源潜力；积极探索、推广污水处理回用、海水利用等其他非常规水源应用技术；在充分发挥现有工程效益的基础上，积极推进增加通榆河北延送水工程引水量，以供水骨干工程来增强和提高地区水资源开发利用程度与调控能力。

（2）逐步调整供用水结构

连云港市现状供用水结构不合理，规划期需逐步调整供用水结构，根据区域社会经济发展状况逐步加强城镇供水功能，促进城乡一体化的供水建设，建立与完善水源地保护区，推进城镇中心水厂的建设，以城镇供水设施辐射周边农村，城乡统筹促进农村用水事业发展，同时加强农村饮水困难地区的饮用水工程建设，保证城乡居民饮水安全。生活用水以饮水安全为原则，以水质优良江淮水、水库供水为主，部分地区以地下水为辅；工业用水以提高保证率为原则，以引提本地水和外调水为主，优良水库供水为辅；农业灌溉以因地制宜为原则，以地表水为主，部分地区辅以浅层地下水。

（3）加快节水型社会建设步伐

连云港市现状节水水平不高，节水潜力较大，需加快区内产业结构调整和节水型社会建设步伐，大力推广节水技术，加强节水管理，积极抑制农业灌溉和不合理用水的增长，控制用水总需求的过快增长。各行业节水重点如下：生活用水以节水器具和节水观念普及、减少城市管网损失、加强计量管理为重点；工业用水以推广节水工艺、提高工业水重复利用率、加强计量管理为重点；农业用水以大力推行节水灌溉技术为重点。

(4) 加强水环境和水生态保护

连云港市目前水生态环境状况较差，境内水系水环境容量已经趋于饱和，规划期需加强水环境和水生态保护力度。主要规划内容包括：制定水环境和水生态保护规划，分阶段完成污染物的削减，逐步实现水功能区水质目标；加强污水处理与回用工程建设，减少污水排放量；限制发展高污染型工业企业，控制污染源；重视农业面源污染问题，控制农药、化肥的施用量。

(5) 实施分质供水、优水优用

应做到以人为本，把水库水、优质水作为城乡生活用水的水源，保证老百姓用水安全；提引的河道水等现阶段水质一般的水源作为工业、农田灌溉等水源；再生水主要作为生态绿化用水。

5.4.4　配置方案

根据现状和规划水平年水量供需平衡与水平衡分析，连云港市的水源配置总体格局为：形成以调引江淮水为主，以本地地表水、过境水、浅层地下水、非常规水源为补充的多水源供水结构。

(1) 赣榆区现状水资源保障条件一般，偏枯年、枯水年农业灌溉水量不足，在石梁河水库恢复兴利水位，赣榆区骨干输水干渠工程以及龙泉、青墩、龙潭湖3座水库建成后，用水状况将得到改善。未来水源以拦蓄过境水、调引江淮水为主，辅以本地地表水和非常规水源。至规划水平年2035年，供水保障率得到进一步提高，$P=95\%$枯水年缺水率能降低到8.9%以内。

(2) 沂南区现状水资源保障条件好，未来水源以调引江淮水为主，辅以过境水、本地地表水及非常规水源。至规划水平年2035年，各个保证率年型不缺水。

(3) 沂北区现状水资源保障条件较好，但枯水年农业灌溉水仍不足，在石梁河水库恢复兴利水位和石梁河水库向徐圩新区应急供水工程、东海县红石渠输水工程、三洋港安全水位提升工程等建设完成后，供水状况得到改善。未来水源主要为调引江淮水，其次为拦蓄过境水，辅以本地地表水及非常规水源。至规划水平年2035年，供水保障率得到进一步提高，$P=95\%$枯水年缺水率能降低到5.6%以内。

5.4.5　配置成果

对水资源供需分析确定的供水量，在各行业、各行政区进行合理配置。

5.4.5.1　用水行业水资源配置

2025年，全市多年平均生活、工业、农业、三产建筑和河道外生态环境建设配置水量分别为2.25亿m^3、4.87亿m^3、20.22亿m^3、1.05亿m^3、0.34亿m^3，合计总配置水量28.73亿m^3。各部门用水占总配置水量的比例分别为7.83%、16.95%、70.38%、3.66%及

1.18%，如图 5-4 所示。

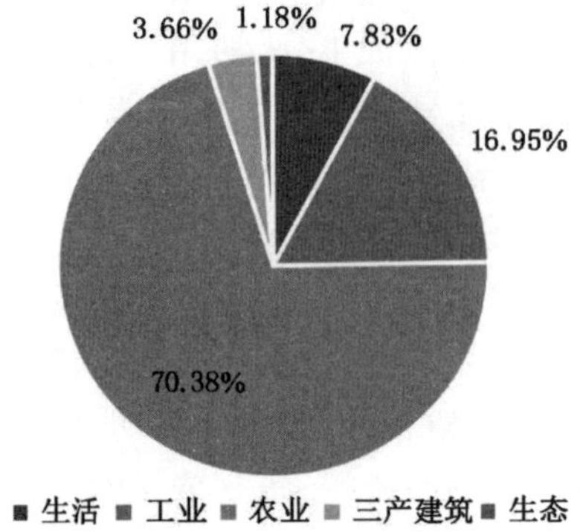

图 5-4　2025 年全市各部门用水占比例图

2030 年，全市多年平均生活、工业、农业、三产建筑和河道外生态环境建设配置水量分别为 2.40 亿 m^3、6.29 亿 m^3、19.77 亿 m^3、1.42 亿 m^3、0.36 亿 m^3，合计总配置水量为 30.24 亿 m^3。各部门用水占总配置水量的比例分别为 7.93%、20.8%、65.37%、4.70%及 1.20%，如图 5-5 所示。

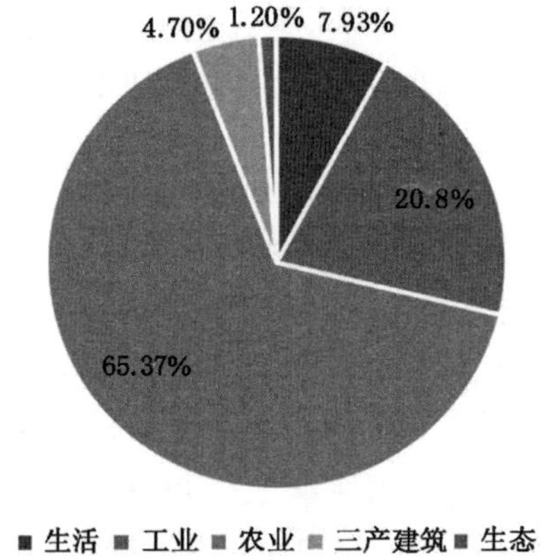

图 5-5　2030 年全市各部门用水占比例图

2035 年，全市多年平均生活、工业、农业、三产建筑和河道外生态环境建设配置水量分别为 2.52 亿 m^3、7.69 亿 m^3、19.04 亿 m^3、1.93 亿 m^3、0.38 亿 m^3，合计总配置水量为 31.56 亿 m^3。各部门用水占总配置水量的比例分别为 7.98%、24.37%、60.33%、6.12%及 1.20%，如图 5-6 所示。

至规划水平年 2035 年，全市城乡居民生活配置水量由基准年的 2.11 亿 m^3 增加到 2.52 亿 m^3，满足连云港市人口增长的需要。全市工业生产配置的水量由基准年的 2.95 亿 m^3 增加到 7.69 亿 m^3，在建设节水型工业体系的基础上，基本满足连云港市实现新型工业化发展的需求；全市农业配置的水量由基准年的 20.23 亿 m^3 减少到 19.04 亿 m^3，有效满足农业需水要求；全市三产及建筑配置的水量由基准年的 0.74 亿 m^3 增加到 1.93 亿 m^3，满足未来城市建设和服务业用水。河道外生态环境用水量由基准年的 0.32 亿 m^3

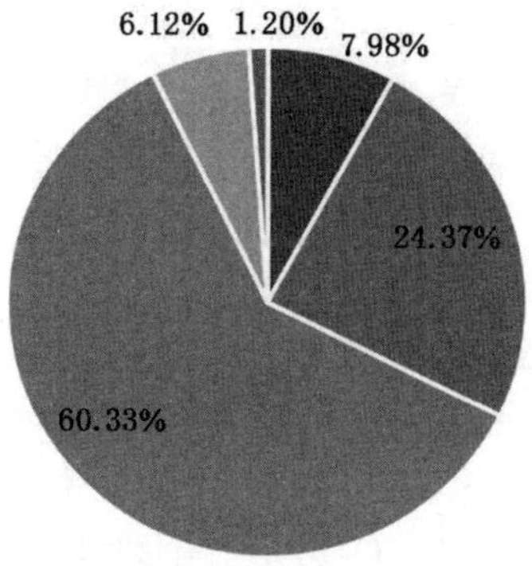

图 5-6　2035 年全市各部门用水占比例图

增加至 0.38 亿 m^3，满足未来城市河道外生态环境用水。

5.4.5.2　行政分区水资源配置

(1) 连云区

2035 年连云区多年平均值、$P=50\%$、$P=75\%$、$P=95\%$保证率下需水总量分别为 6.13 亿 m^3、6.16 亿 m^3、6.28 亿 m^3、6.44 亿 m^3。通过合理配置，各保证率年份均不缺水。其中生活用水 1 678 万 m^3、工业用水 9 391 万 m^3（不含徐圩新区）、建筑三产用水 2 326 万 m^3，合计 36.70 万 m^3/d，由连云港市第三水厂（20 万 m^3/d）、茅口水厂（40 万 m^3/d）及再生水供水。通过调整农业种植结构，连云区水稻种植面积缩减至 4 万亩，农业灌溉用水较少，由当地地表水及水库塘坝供水。生态用水 823 万 m^3，由再生水供水。徐圩新区 2035 年需水总量为 3.96 亿 m^3，由徐圩新区第一水厂（30 万 m^3/d）、第二水厂（60 万 m^3/d）及再生水供水。

(2) 海州区

2035 年海州区多年平均值、$P=50\%$、$P=75\%$、$P=95\%$保证率下需水总量分别为 4.18 亿 m^3、4.25 亿 m^3、4.44 亿 m^3、4.93 亿 m^3，通过合理配置，多年平均值、$P=50\%$、$P=75\%$保证率下年份均不缺水，$P=95\%$保证率下，缺水 1 890 万 m^3，缺水率为 3.6%，其中农业缺水 1 692 万 m^3，环境缺水 198 万 m^3。其中生活用水 5 164 万 m^3、工业用水 2 566 万 m^3、建筑三产用水 5 831 万 m^3，合计 37.15 万 m^3/d，由连云港市海州水厂（10 万 m^3/d）、第三水厂（20 万 m^3/d）、茅口水厂（40 万 m^3/d）、自备水源及再生水供水。新海电厂需水量为 2 993 万 m^3，计 8.2 万 m^3/d，由蔷薇河供水（苏北供水）。通过调整农业种植结构，海州区水稻种植面积缩减至 35.44 万亩，农业用水进一步缩减，主要由调引江淮水、当地地表水及水库塘坝供水。生态用水 989 万 m^3，由再生水供水。

(3) 赣榆区

2035 年赣榆区多年平均值、$P=50\%$、$P=75\%$、$P=95\%$保证率下需水总量分别为 4.72 亿 m^3、4.82 亿 m^3、5.16 亿 m^3、5.65 亿 m^3，通过合理配置，多年平均值、$P=50\%$保证率下年份均不缺水；$P=75\%$、$P=95\%$保证率下，分别缺水 2 175 万 m^3、5 055 万 m^3，缺水率为 4.2%、8.9%。其中生活用水 5 362 万 m^3、建筑三产用水 3 441 万 m^3，合计 24.12 万 m^3/d，由塔山水厂（4 万 m^3/d）、莒城湖水厂（15 万 m^3/d）及茅口水厂（30 万 m^3/d）供水；工

业用水量为 7 066 万 m^3，由当地地表水、再生水及部分水库塘坝供给；农业用水 3.06～4.03 亿 m^3，占比较大，主要由石梁河水库、小塔山水库等水库塘坝供水，枯水年、特枯水年增加浅层地下水供水；生态用水 776 万 m^3，由再生水及水厂余水供水。

(4) 东海县

2035 年东海县多年平均值、$P=50\%$、$P=75\%$、$P=95\%$保证率下需水总量分别为 7.05 亿 m^3、7.18 亿 m^3、7.77 亿 m^3、8.62 亿 m^3，通过合理配置，多年平均值、$P=50\%$保证率下年份均不缺水；$P=75\%$、$P=95\%$保证率下，分别缺水 5 110 万 m^3、10 451 万 m^3，缺水率为 6.5%、12.0%。其中生活用水 5 292 万 m^3，计 14.50 万 m^3/d，由城北水厂(10 万 m^3/d)、东海县自来水公司自来水厂(5 万 m^3/d)供水；建筑三产用水 3 118 万 m^3，工业用水量为 6 841 万 m^3，合计 27.28 万 m^3/d，由当地地表水及水库塘坝供水；农业用水 5.48～7.14 亿 m^3，占比大，主要由调引江淮水、石梁河水库、安峰山水库等水库塘坝供水，特枯水年增加浅层地下水供水；生态用水 529 万 m^3，由再生水及水厂余水供水。

(5) 灌云县

2035 年灌云县多年平均值、$P=50\%$、$P=75\%$、$P=95\%$保证率下需水总量分别为 5.25 亿 m^3、5.35 亿 m^3、5.77 亿 m^3、6.40 亿 m^3，通过合理配置，多年平均值、$P=50\%$、$P=75\%$保证率下年份均不缺水，$P=95\%$保证率下，缺水 2 986 万 m^3，缺水率为 4.5%，其中农业缺水 2 918 万 m^3，环境缺水 68 万 m^3。生活用水 4 327 万 m^3，建筑三产用水 2 179 万 m^3，合计 17.82 万 m^3/d，由凯发水厂(10 万 m^3/d)、灌云县自来水公司胜利路水厂(10 万 m^3/d)供水；工业用水量为 4 204 万 m^3，合计 11.52 万 m^3/d，由当地地表水及再生水供水；农业用水 4.32～5.61 亿 m^3，占比大，主要由调引江淮水、当地地表水供水；生态用水 340 万 m^3，由再生水及水厂余水供水。

(6) 灌南县

2035 年灌南县多年平均值、$P=50\%$、$P=75\%$、$P=95\%$保证率下需水总量分别为 4.23 亿 m^3、4.32 亿 m^3、4.64 亿 m^3、5.14 亿 m^3，通过合理配置，多年平均值、$P=50\%$、$P=75\%$、$P=95\%$保证率下年份均不缺水。生活用水 3 429 万 m^3，建筑三产用水 2 061 万 m^3，合计 15.04 万 m^3/d，由灌南县硕项湖水厂(10 万 m^3/d)、灌南县田楼水厂(6 万 m^3/d)供水；工业用水量为 4 187 万 m^3，合计 11.47 万 m^3/d，由当地地表水及再生水供水；农业用水 3.50～4.48 亿 m^3，占比大，主要由调引江淮水、当地地表水供水；生态用水 302 万 m^3，由再生水及水厂余水供水。

5.4.5.3 供水水源水资源配置

对水资源供需分析确定的供水量，在供水水源之间进行合理配置，供水水源配置成果表见表 5-24。

表 5-24 供水水源配置成果表

单位：万 m^3

水平年	保证率	本地水	江淮水	非常规水	过境水	合计
2025 年	多年平均值	56 374	150 832	10 074	70 078	287 358
	50%	55 957	164 230	10 074	64 897	295 158
	75%	36 818	215 089	10 074	51 163	313 144
	95%	27 022	258 077	10 074	38 317	333 490

表 5-24(续)

水平年	保证率	本地水	江淮水	非常规水	过境水	合计
2030 年	多年平均值	57 362	157 561	16 097	71 317	302 337
	50%	56 168	174 501	16 097	66 038	312 804
	75%	38 935	221 034	16 097	52 063	328 129
	95%	27 813	265 979	16 097	38 656	348 545
2035 年	多年平均值	58 351	163 813	20 842	72 581	315 587
	50%	57 854	181 888	20 842	67 202	327 786
	75%	40 031	227 217	20 842	52 982	341 072
	95%	26 946	273 501	20 842	38 998	360 287

2025 年，多年平均年型，本地水资源配置 5.64 亿 m^3，江淮水配置 15.08 亿 m^3，非常规水源资源配置 1.00 亿 m^3，过境水配置 7.01 亿 m^3，合计配置 28.73 亿 m^3。

2030 年，多年平均年型，本地水资源配置 5.74 亿 m^3，江淮水配置 15.76 亿 m^3，非常规水源资源配置 1.61 亿 m^3，过境水配置 7.13 亿 m^3，合计配置 30.24 亿 m^3。

2035 年，多年平均年型，本地水资源配置 5.84 亿 m^3，江淮水配置 16.38 亿 m^3，非常规水源资源配置 2.08 亿 m^3，过境水配置 7.26 亿 m^3，合计配置 31.56 亿 m^3。

第6章　节水分析评价

节约用水是解决水资源短缺、水生态损害、水环境污染等问题的根本措施，对于保障社会经济可持续发展具有重要作用。

节水评价应符合国家相关法律政策和标准范围，满足用水总量和用水效率管控要求，与江河流域水量分配方案（协议）、相关规划中节水目标相协调，节水措施方案应符合当地实际情况，合理可行。

6.1　总则

6.1.1　指导思想

为落实习近平总书记提出的“节水优先、空间均衡、系统治理、两手发力”的治水方针，贯彻落实水资源刚性约束要求和“以水定城、以水定地、以水定人、以水定产”原则，促进经济社会发展与水资源条件相适应，保证科学合理取用水，促进水资源合理开发利用，使水资源条件与空间布局和产业结构相协调，保障经济社会可持续发展，需从源头上把好节约用水关口。在规划项目中应突出节水的优先地位，严格控制用水总量，推动提高用水效率，开展节水评价工作。

6.1.2　评价范围

以规划范围为基准，结合流域与行政区域水资源开发利用等方面管理要求，考虑行政区域完整性，综合确定评价范围。本次节水评价的范围是连云港市三区三县，包括海州区、连云区、赣榆区、灌云县、灌南县、东海县。

6.1.3　评价水平年

节水评价的水平年为：

现状水平年：2019年；

近期水平年：2025年；

中期水平年：2030年；

远期水平年：2035年。

6.2　现状节水水平

6.2.1　用水现状

2019 年连云港市各县区供用水情况见表 6-1。

表 6-1　2019 年连云港市供用水量表　　单位：亿 m^3

行政分区	供水量			用水量			
	地表水	地下水	合计	生活	生产	生态环境	合计
市区	11.43	0.04	11.47	1.05	9.95	0.47	11.47
连云区	0.60	0.00	0.60	0.10	0.44	0.06	0.60
开发区	0.50	0.00	0.50	0.03	0.45	0.02	0.50
徐圩新区	0.97	0.00	0.97	0.02	0.94	0.01	0.97
海州区	4.44	0.01	4.45	0.40	3.81	0.24	4.45
高新区	0.19	0.00	0.19	0.04	0.12	0.03	0.19
云台景区	0.25	0.00	0.25	0.02	0.22	0.01	0.25
赣榆区	4.48	0.03	4.51	0.44	3.97	0.10	4.51
东海县	7.24	0.03	7.27	0.43	6.79	0.05	7.27
灌云县	5.29	0.02	5.30	0.35	4.91	0.05	5.31
灌南县	4.18	0.03	4.21	0.28	3.87	0.06	4.21
全市	28.14	0.12	28.26	2.11	25.52	0.63	28.26

全市总用水量 28.26 亿 m^3。其中，生产用水 25.52 亿 m^3，占总用水量的 90.3%；居民生活用水 2.11 亿 m^3，占总用水量的 7.5%；生态环境用水 0.63 亿 m^3，占总用水量的 2.2%。

6.2.1.1　农业用水现状

农业用水主要包括农田灌溉用水、蔬菜瓜果灌溉用水以及林牧渔畜业用水。

连云港市采用以稻、麦两季为主，其他旱作物为辅的种植结构模式。2019 年连云港市粮食作物播种面积 753.9 万亩，其中小麦播种面积 355.95 万亩，占粮食作物播种面积 47.21%；水稻播种面积 301.8 万亩，占粮食作物播种面积 40.03%；水稻和小麦播种面积占粮食作物播种面积的 87.25%，其余 12.75% 为玉米、豆类及薯类作物。油料作物播种面积为 36.86 万亩，其中花生播种面积为 35.25 万亩，占油料作物播种面积的 95.63%；油菜播种面积为 1.54 万亩，占油料作物播种面积的 4.18%；余下 0.07 万亩为芝麻类。棉花播种面积为 1.68 万亩，蔬菜类播种面积为 131.52 万亩，瓜果类播种面积为 25.2 万亩。

2019 年连云港市农田有效灌溉面积为 544.07 万亩，实灌面积为 449.93 万亩，其中水田实灌面积为 316.99 万亩，水浇地实灌面积为 97.93 万亩，菜田实灌面积为 129.16 万亩；林牧渔业灌溉主要为鱼塘补水，面积为 26.01 万亩；牲畜 204.03 万头。农业用水量为 22.77 亿 m^3，其中农田灌溉用水量为 20.26 亿 m^3，约占总用水量的 73.9%，其中主要用水为水稻，占多年平均农田灌溉用水量的 80.9%；其次为小麦，占多年平均农田灌溉用水量的

10.5%;蔬菜类占多年平均农田灌溉用水量的 8.6%;其他类用水占多年平均农田灌溉用水量的 0.8%。鱼塘补水用水 2.341 亿 m^3,牲畜用水 0.169 亿 m^3。

6.2.1.2　工业用水现状

工业用水是指工矿企业在生产过程中用于制造、加工、冷却、净化和企业内生产辅助的生活用水。工业用水量不包括企业内部的重复利用水量,按企业性质和实际将连云港市工业划分为火(核)电工业、国有及规模以上工业以及规模以下工业。2019 年,连云港市工业增加值为 1 099.19 亿元,火核电装机 471.40 万 kW。2019 年,连云港市工业用水 1.947 亿 m^3,火(核)电用水 0.295 亿 m^3,工业用水量为 1.652 亿 m^3。

6.2.1.3　生活用水现状

2019 年连云港市总人口 451.10 万人,其中,城镇常住人口 286.89 万人,农村人口 164.21 万人。生活用水总量为 2.11 亿 m^3,其中,城镇生活用水量为 1.54 亿 m^3,农村生活用水量为 0.57 亿 m^3。现状城镇居民生活用水定额为 147.3 L/(人·d),农村生活用水定额为 95.6 L/(人·d),城镇公共用水定额为 59.6 L/(人·d)。

6.2.1.4　第三产业用水现状

第三产业用水主要为服务业用水,2019 年连云港市第三产业地区生产总值为 1 413.44 亿元,第三产业用水 0.63 亿 m^3。

6.2.1.5　建筑业用水现状

建筑业用水主要为房屋施工用水和商品混凝土用水。2019 年连云港市房屋施工面积为 530.91 万 m^2,商品混凝土 217.2 万 m^3。房屋施工面积用水定额为 0.35 m^3/m^2,混凝土搅拌用水量约为 0.30 m^3/m^2。2019 年连云港市建筑业用水量约为 0.171 亿 m^3。

6.2.2　节水水平

连云港市多年平均地表水资源量为 19.78 亿 m^3,2019 年全市地表水资源量为 12.72 亿 m^3,地下水资源量为 6.36 亿 m^3。

连云港市近 10 年年均供水 26.95 亿 m^3,其中地表水资源供水量为 5.60 亿 m^3,地下水资源开采量为 0.21 亿 m^3,入境水及江淮水供水量为 21.14 亿 m^3。

2019 年连云港市水资源开发利用率约为 30.3%,其中地表水资源开发利用率为 31.3%,浅层地下水资源开发利用率约为 1.42%。2019 年连云港市综合耗水率为 65.5%。

连云港市为农业大市,近 10 年间农业用水占总供水量的 82.47%。2019 年,连云港市用水总量为 28.26 亿 m^3,用水总量目标是控制在 29.43 亿 m^3 以内。连云港市主要用水效率指标见表 6-2。

表 6-2　2019 年连云港市主要地区用水指标

行政分区	总用水量/(亿 m^3)	人均用水量/(m^3/人)	单位 GDP 用水量/(m^3/万元)	单位工业增加值用水量/(m^3/万元)	农田灌溉水利用系数
市区	11.47	544.0	61.3	17.87	0.603
连云区	0.60	325.0	27.0	16.00	——
开发区	0.50	914.7	14.1	11.00	——

表 6-2(续)

行政分区	总用水量/(亿 m^3)	人均用水量/(m^3/人)	单位 GDP 用水量/(m^3/万元)	单位工业增加值用水量/(m^3/万元)	农田灌溉水利用系数
徐圩新区	0.97	2 362.8	150.0	39.00	——
海州区	4.45	594.8	85.5	33.00	0.602
高新区	0.19	231.8	21.5	45.00	——
云台景区	0.25	708.5	——	——	——
赣榆区	4.51	467.7	72.4	15.53	0.604
东海县	7.27	751.2	138.2	21.03	0.602
灌云县	5.31	663.3	147.8	13.00	0.605
灌南县	4.21	664.0	110.3	16.00	0.606
全市	28.26	626.5	90.0	17.7	0.603

2019 年连云港市主要用水指标与江苏省和全国的比较情况见表 6-3。

表 6-3　2019 年连云港市主要用水指标

指标	连云港市	江苏省	全国
人均城镇生活用水量/(L/人·d)	147.3	152.8	139.0
人均农村生活用水量/(L/人·d)	95.6	102.0	89.0
万元地区生产总值用水量/m^3	90.0	49.5	60.8
万元工业增加值用水量/m^3	17.7	32.4	38.4
农田灌溉亩均用水量/m^3	433.0	474.7	368.0
农田灌溉水有效利用系数	0.603	0.614	0.559

根据表 6-3，2019 年连云港市生活用水水平低于江苏省平均值，高于全国平均值；万元地区生产总值用水量 90 m^3，高于江苏省平均值 49.5 m^3 和全国平均值 60.8 m^3；万元工业增加值用水量 17.7 m^3，低于江苏省和全国的平均值。

据连水资办〔2017〕3 号文件，2020 年连云港市万元 GDP 用水量比 2015 年下降 28%，万元工业增加值用水量较 2015 年下降 23%，农田灌溉水有效利用系数达到 0.60。

按可比价计算，2019 年连云港市万元地区生产总值用水量比 2015 年下降 29%，完成年度考核目标；连云港市万元工业增加值用水量较 2015 年下降 23%，完成年度考核目标；全市农田灌溉水有效利用系数为 0.603，达到年度控制目标。

根据《规划和建设项目节水评价技术要求》，东南区万元国内生产总值平均水平为 53 m^3，先进值为 35 m^3；万元工业增加值平均水平为 47.8 m^3，先进值为 23.4 m^3；农田灌溉水有效利用系数平均水平为 0.565，先进值为 0.736。2019 年连云港市万元地区生产总值用水量 90 m^3，未达到东南区平均水平，差距较大，万元工业增加值和农田灌溉水有效利用系数达到东南区平均水平，未达到先进水平。

2019 年连云港市第一产业用水 22.77 亿 m^3，占生产用水的 89.2%，其中农田灌溉用水 20.26 亿 m^3，占第一产业用水的 89.0%；第二产业用水 2.12 亿 m^3，占生产用水的 8.3%；第三产业用水 0.63 亿 m^3，占生产用水的 2.5%。全市工业用水量较少，主要为农业用水，节水空间较大，需加大农业节水力度，为工业、生活等用水的刚性增长腾出空间。

6.2.2.1 农业用水水平分析

2019 年连云港市大型灌区 4 个，一般为 4 级渠系，建设渠道长度 7 205.84 km，渠道衬砌率为 51.11%；中型灌区 28 个，一般为 2～3 级渠系，建设渠道长度 11 759.0 km，渠道衬砌率为 56.3%；小型灌区 241 个，一般为 2 级渠系，建设渠道长度 5 519.9 km，渠道衬砌率为 76.7%；纯井灌区主要采用抽水机直接抽水浇地。赣榆区共建成高效节水示范区 24.39 万亩，其中低压管道输水灌溉 14.56 万亩；滴灌 7.11 万亩；喷灌 2.72 万亩。

2019 年，农业用水量 22.77 亿 m^3，约占总用水量的 80.9%，连云港市农田灌溉耗水 14.58 亿 m^3，耗水率 72.0%；林牧渔畜耗水 1.89 亿 m^3，耗水率 75.4%，占用水消耗总量的 10.2%；耗水较多，农业节水水平不高。

2019 年连云港市农田灌溉水利用系数为 0.603。分县区看，赣榆区农田灌溉水有效利用系数平均值为 0.604；东海县农田灌溉水有效利用系数平均值为 0.602；海州区农田灌溉水有效利用系数平均值为 0.602；灌云县农田灌溉水有效利用系数平均值为 0.605；灌南县农田灌溉水有效利用系数平均值为 0.606。相比较而言，灌南县农业用水水平较高。

根据水利现代化指标，现代化农业用水指标灌溉水有效利用系数为 0.65，连云港市农业用水水平有较大的上涨空间。

根据调查，目前连云港市农业灌溉节水存在的主要问题有：

① 灌溉管理意识薄弱，相互抢水，用水混乱的局面时有发生，使灌溉效益和工程建筑物完好率得不到保证。

② 泵站布点不合理，灌溉渠系不配套。随着农村经济的发展，灌水矛盾日益突出。现有的干支渠系经灌溉体系的变迁后，进行了改造，但渠道断面仍然偏大，水资源浪费严重，送水时间较长，实灌面积较小。

③ 灌区水源经干河入内部引水大沟，而大沟淤积严重，造成电灌站提水量不足，影响泵站灌溉效率。

④ 田间工程配套相对较差，以坝代桥，渠道上乱开口放水现象普遍，漏水、跑水，造成水资源的严重浪费。

⑤ 现有工程老化严重，大沟、干支渠桥梁严重破损，泵站机电设备老化失修，带病运行，效益衰减。

⑥ 现行农田灌溉水费征收按农田灌溉面积进行，灌溉水价较低，该方式造成了水资源的严重浪费，不利于节水灌溉目标的实现和水资源的可持续利用。

⑦ 无计量设施的灌区依然较多，信息化水平低。

⑧ 节水意识淡薄。

6.2.2.2 工业用水水平分析

全市根据工业行业用水状况，全市用水量较大的行业主要包括石化、钢铁、火(核)电，占全市工业用水总量的 70%以上。2019 年，全市火(核)电装机总容量为 471.4 万 kW，占全市工业用水总量的 15.2%。

连云港石化产业基地位于连云港市徐圩新区，是重点规划布局的新建石化产业基地之一和国家新一轮石化产业布局调整和结构优化升级战略的重要承载地，主要承接江苏省沿江石化产业转移，统筹兼顾长三角地区需求增长，是连云港市经济发展的重要增长极。2019 年徐圩新区工业用水量为 4 145 万 m^3，石化基地在产企业工业用水量达 3 524 万 m^3，占 2019 年徐圩新区工业用水量的 85%，占连云港市工业用水总量的 18.1%。根据《连云港石化产业基地总体发展规划(修编)水资源论证报告书》，石化基地已建、在建企业规模较大，用水水平先进。其余项目用水水平一般，虽然基本满足通用用水效率的要求，但是距石化产业基地先进用水水平的要求仍有一定的差距，普遍存在污水回用率不高，循环冷却水损失率偏大等问题，有一定的节水空间。

2019 年，连云港市万元地区生产总值用水量为 90.0 m^3，较 2015 年下降 28.9%；2015—2019 年，年均下降率为 8.2%；万元工业增加值用水量为 17.7 m^3，较 2015 年下降 43.5%；2015—2019 年，年均下降率为 13.3%。工业节水水平增长较快。工业耗水 0.35 亿 m^3，耗水率为 18.2%。

根据《规划和建设项目节水评价技术要求》，连云港市所在地区万元地区生产总值用水量平均水平为 53 m^3，先进值为 35 m^3；万元工业增加值平均水平为 47.8 m^3，先进值为 23.4 m^3。综合比较，连云港市目前工业不发达，万元地区生产总值用水水平远高于地区平均水平，随着工业的发展和石化产业基地的企业入驻，工业用水量将会进一步增长，需加大节水力度，提高工业用水水平。

6.2.2.3　生活用水水平分析

连云港市 2019 年城镇居民生活用水定额为 147.3 L/(人·d)，农村生活用水定额为 95.6 L/(人·d)，城镇公共用水定额为 59.6 L/(人·d)。居民生活耗水 0.78 亿 m^3，耗水率 37.1%，与先进地区相比，生活用水还有较大的节水空间。

随着经济社会的发展，连云港市居民的生活水平将得到极大提高，生活用水量普遍增加。连云港市综合生活用水的节水水平、节水技术与节水先进的地区相比，技术上有所欠缺，措施的落实程度上参差不齐。

生活用水量的增长一方面说明生活水平提高，用水人口持续增长；另一方面说明在节约用水方面有着很大的潜力。对比国内及周边地区城市生活综合用水水平，连云港市目前生活用水水平并不高。

6.3　节水目标制定

建设节水型社会，重点是建立三大体系：一是建立以水权管理为核心的水资源管理制度体系；二是建立与区域水资源承载能力相协调的经济结构体系；三是建立与水资源优化配置相适应的节水工程和技术体系。

节约用水与节水型社会建设规划的一个重要任务是建立节约用水指标体系。节约用水指标既能反映城市总体的节水水平，又能说明各个层面的节水效果，各项指标之间既有联系，又有区别。完整的节约用水指标体系将为节约用水工作的管理和考核提供科学的评价依据。

6.3.1　主要节水目标

根据连云港市实际情况，提出连云港市的节约用水与节水型社会建设规划目标，见表 6-4。

表 6-4　连云港市综合节水指标规划值

序号	类别	指标名称	2019 年	2025 年	2030 年	2035 年
1	城乡供水保障	农业灌溉保证率/%	75	78	80	82
		重点工业用水保证率/%	95	95	95	95
		生活用水保证率/%	97	97	97	97
		城市再生水利用率/%	20	25	30	35
2	水资源利用	用水总量/亿 m^3	28.26	29.83	30.23	31.56
		万元 GDP 用水量/m^3	90	58	45	40
		万元工业增加值用水量/m^3	17.7	16	15	14
		工业用水重复利用率/%	66	80	85	90
		灌溉水利用系数	0.603	0.620	0.635	0.650
		城镇供水管网漏损率/%	16.6	10	9	8
		节水器具普及率/%	90	95	98	100
3	水资源保护	城镇污水集中处理率/%	59.3	75	85	90
		地下水开采量/万 m^3	900	≤2 100	≤2 000	≤2 000

6.3.2　行业节水目标

6.3.2.1　农业节水目标与控制指标

（1）主要目标与控制指标

农业节水的内涵包括水资源的合理开发利用、输配水系统的节水、田间灌溉过程的节水、用水管理的节水以及农业节水技术措施等，其最终目的是以最少的水量消耗，取得尽可能多的农作物产出，提高水的利用率和水分生产率。

连云港市农业节水指标主要包括灌溉水利用系数、节水灌溉工程面积覆盖率、灌排工程配套完好率以及旱涝保收田面积率等。连云港市农业节水指标规划值见表 6-5。

表 6-5　连云港市农业节水指标规划值

指标	2025 年	2030 年	2035 年
灌溉水利用系数	0.620	0.635	0.650
节水灌溉工程面积覆盖率/%	83	90	95
灌排工程配套完好率/%	80	90	95

（2）灌溉管理目标

科学的水价体系是水利经济良性循环的重要保证，也是合理利用、优化配置水资源的有效调节器。要按照补偿成本、合理收益、公平负担和政府宏观调控与市场调节相结合的原则重新制定灌溉水价，区别用水性质，分类定价，根据水资源状况（质、量、类别）和市场供求变化适时适度调整水价。一般农作物的灌溉水价只收成本，不计利润；经济作物和水产养殖执行微利水价；根据供水水质、供水时间和季节以及供水量，实行优质优价、超额累进加价的动态水价政策。连云港市田间农业节水指标规划值见表 6-6。

表 6-6　连云港市田间农业节水指标规划值

规划水平年	保证率	农田灌溉用水定额/(m^3/亩)			林业灌溉(补水)定额/(m^3/亩)		牲畜用水定额/(m^3/万头)		
		水田	水浇地	菜田	林业	鱼塘补水	大牲畜	小牲畜	家禽
2025 年	多年平均值	500.87	60	135	55	600	75	14	1.1
	50%	505.86	65	140	60	630			
	75%	555.86	75	155	80	750			
	95%	620.86	90	180	100	900			
2030 年	多年平均值	495.82	55	125	55	600	70	13	1.0
	50%	500.86	60	130	60	630			
	75%	545.86	70	145	80	750			
	95%	610.86	85	175	100	900			
2035 年	多年平均值	490.83	50	120	55	600	65	12	0.9
	50%	495.86	55	125	60	630			
	75%	540.86	65	140	80	750			
	95%	605.86	80	170	100	900			

6.3.2.2　工业节水目标与控制指标

(1) 控制指标

节水目标控制指标主要有：工业用水定额、工业重复利用率和工业万元增加值取水量降低率等。对高耗水行业，严格执行工业用水定额，相关企业全面开展用水审计、节水评估，强化用水效率目标考核。对新建项目严格执行项目水资源论证、取水许可审批制度；严格控制高耗水项目立项，进一步完善计划用水管理和考核评价体系；万元工业增加值用水量降低，工业用水重复利用率有所提高。

(2) 节水目标

工业节水主要通过调整产业结构、工艺和设备改造以提高重复利用率，通过调整水价等措施控制用水量的不合理增长。连云港市工业节水指标主要包括万元工业增加值取水量和工业用水重复利用率。

连云港市工业节水指标规划值见表 6-7。

表 6-7　连云港市工业节水指标规划值

指标	2025 年	2030 年	2035 年
万元工业增加值取水量/m^3	16	15	14
工业用水重复利用率/%	80	85	90
工业需水弹性系数	0.60	0.50	0.50
火电用水定额/[m^3/(万 kW·h)]	16.0	15.5	15.5
核电用水定额/[m^3/(万 kW·h)]	1.1	1.0	1.0

6.3.2.3 生活节水规划目标与控制指标

(1) 控制指标

生活节水的控制指标主要包括生活用水定额、节水器具普及率、输水管网漏失率等，生活用水增长应控制在与经济发展和生活水平相适应的用水标准内。

生活节水的重点是通过旧有输水管网、用水设备的改造更新，新型节水器具的普及以及加强节水宣传，加大节水管理力度，改变人们用水观念，实现用水总量增长率的下降，提高利用系数，降低管网漏失率。生活用水定额受诸多因素的影响，总的趋势是随着生活水平的提高用水定额相应提高，同时未来节水水平也将不断提高，用水定额的提高控制在与经济社会发展水平和生活条件改善相适应的范围内。

(2) 节水目标

连云港市生活节水指标主要包括供水管网漏失率、节水器具普及率和人均生活用水量等。随着生活水平的提高，用水人口持续增长，用水量会有所增长，按照节约用水的要求，制定连云港市生活节水指标。

连云港市城镇生活节水指标规划值见表 6-8。

表 6-8 连云港市生活节水指标规划值

指标	2025 年	2030 年	2030 年
城镇人均生活用水量/[L/(人·d)]	150	155	160
农村人均生活用水量/[L/(人·d)]	100	105	110
节水器具普及率/%	95	98	100
管网漏失率/%	10	9	8

6.3.2.4 建筑业节水指标

(1) 控制指标

建筑业节水的重点是进行技术改造和创新，淘汰落后的技术手段、工作流程，开发新的节水工作流程，大胆创新，应用新技术成果和新型节水材料，同时做好建筑业临时用水的管理控制，控制用水量的增长。重点提高水利用系数，减少每平方米用水量。

(2) 节水目标

2025 年，建筑业每平方米用水量目标降低到 0.38 m^3/m^2；2030 年，建筑业每平方米用水量目标降低到 0.36 m^3/m^2；2035 年，建筑业每平方米用水量目标降低到 0.35 m^3/m^2。

6.3.2.5 第三产业节水规划目标与控制指标

(1) 控制指标

第三产业节水的重点是餐饮、洗浴、洗车等高用水行业，通过旧有输水管网、用水设备的改造更新，节水器具的普及，新技术的应用以及用水观念的改变，调整水价实现用水总量增长率的下降，重点提高水利用系数，减少万元增加值的用水量。根据行业用水的差别，因地制宜地制定行业用水定额；合理调整水价，有效控制用水大户的用水量，大力推广公共设施节水器具的普及率，加强对城镇节水器具的推广力度；城市、县城及主要乡镇建设污水集中排放和处理设施，大型公共建筑和供水管网覆盖范围以及自备水源单位应逐步建设中水系统。公共设施节水是城镇节水的重点，应尽快制定相关的用水定额和水价调整方案，以价格杠杆促进节约用水。

（2）节水目标

2025 年，在全市范围内实现餐饮、洗浴、洗车等服务行业先进节水器具的普及，万元增加值取水量为 4.2 m^3/万元；2030 年，全面实行节水器具的普及及供水管网的维修完善，万元增加值取水量 4.0 m^3/万元，2035 年，万元增加值取水 3.8 m^3/万元。

6.4　节水潜力分析

现状节水潜力是在现状经济社会条件下的人口、经济量和实物量，按照远期水平年的节水标准计算出的需水量与现状用水量的差值。

节水潜力分析主要考虑两个方面因素：一是各项节水指标，对农业、工业、城镇生活及污水回用等分行业进行综合衡量，分析现状用水水平与节水指标的差值，并根据实物量指标测算节水量；二是充分考虑自然条件和当地人们的生活习惯导致的用水定额偏大的实际情况，分析节水的可能性和节水能力。特别是农业灌溉受降雨影响较大，漫灌用水定额大，耗水量大，采用渠道衬砌、管道输水、滴、喷灌等节水技术后，用水定额变小，用水量大为减少，节水能力强，节水潜力最大。

6.4.1　农业节水潜力分析

6.4.1.1　*农田灌溉节水量*

$$d_{\mathrm{Wn}}=A_0(Q_{\mathrm{m0}}-Q_{\mathrm{m}t})$$

式中　d_{Wn}——农田灌溉节水潜力；

A_0——现状灌溉面积（有效灌溉面积）；

Q_{m0}，Q_{mt}——分别为基准年和规划水平年毛灌溉需水定额。

连云港市为农业大市，节约用水的重点为农业节水，农业节水的关键是管理节水和工程节水。根据连云港市自然地理因素、水文气象因素、水利工程布局状况和河网水系的特点，并根据地区发展状况与补水情况，结合库灌区节水工程进行农业节水潜力分析。

同一地区采用浅湿灌溉等先进方式的区域比传统灌溉区域的用水量减少 20%～35%。农灌用水按全面实行计量用水，实施按用水量收费的区域亩均净灌溉用水减少约一半。按现有农业用水情况，其用水水平若提高至相应节水标准条件下的水平，根据《江苏省农业用水灌溉定额（2019）》以及需水预测结果，连云港市不同灌溉保证率情况下农业节水潜力成果见表 6-9。

表 6-9　连云港市农田灌溉节水潜力成果表

	保证率	灌溉用水定额/（m^3/亩）				现状灌溉面积/万亩	节水潜力/万 m^3		
		现状	2025 年	2030 年	2035 年		2025 年	2030 年	2035 年
水田	多年平均值	505.86	500.87	495.82	490.83	316.99	1 581.78	3 182.58	4 764.36
	50%	510.86	505.86	500.86	495.86		1 584.95	3 169.90	4 754.85
	75%	560.86	555.86	545.86	540.86		1 584.95	4 754.85	6 339.80
	95%	650.86	620.86	610.86	605.86		9 509.70	12 679.60	14 264.55

表 6-9(续)

	保证率	灌溉用水定额/(m^3/亩)				现状灌溉面积/万亩	节水潜力/万 m^3		
		现状	2025 年	2030 年	2035 年		2025 年	2030 年	2035 年
水浇地	多年平均值	65	60	55	50	97.93	489.65	979.30	1 468.95
	50%	70	65	60	55		489.65	979.30	1 468.95
	75%	80	75	70	65		489.65	979.30	1 468.95
	95%	95	90	85	80		489.65	979.30	1 468.95
菜田	多年平均值	140	135	125	120	129.16	645.80	1 937.40	2 583.20
	50%	145	140	130	125		645.80	1 937.40	2 583.20
	75%	160	155	145	140		645.80	1 937.40	2 583.20
	95%	185	180	175	170		645.80	1 291.60	1 937.40
合计	多年平均值					—	2 717.23	6 099.28	8 816.51
	$P=50\%$ 灌溉保证率					—	2 720.40	6 086.60	8 807.00
	$P=75\%$ 灌溉保证率					—	2 720.40	7 671.55	10 391.95
	$P=95\%$ 灌溉保证率					—	10 645.15	14 950.50	17 670.90

6.4.1.2 林牧渔业节水潜力

随着生活水平的提高,人们对农副产品的需求量必将增大,因此牲畜和家禽的数量也必将上升。而小牲畜和家禽的饲养以后将更趋近于采用大型养殖场的形式,因此,采取节水型养殖技术,可以节约一定的水量。根据需水预测的成果,林牧渔业节水主要为畜牧业节水,成果见表 6-10。

表 6-10 连云港市林牧渔业节水潜力成果表

规划水平年	2025 年	2030 年	2035 年
畜牧养殖节水量/m^3	8.28	16.56	24.84

6.4.2 工业节水潜力分析

工业节水主要通过调整产业结构、工艺和设备改造以提高重复利用率,通过调整水价等措施控制用水量的不合理增长。工业节水潜力计算的主要指标是万元工业增加值取水量和工业用水重复利用率,且两个指标相互独立。

(1) 提高工业用水重复利用率节水潜力计算

$$W_{gn} = Z_0 \cdot Q_0 \frac{\eta_2 - \eta_1}{1 - \eta_1}$$

式中 W_{gn}——工业用水重复利用率节水潜力;

Z_0——现状年工业增加值;

Q_0——现状年万元工业增加值用水量;

η_1——现状年实际工业重复利用率;

η_1——按国内外先进水平的工业重复利用率。

（2）提高万元工业增加值用水量节水潜力计算

$$W_{gn}=Z_0(Q_0-Q_t)$$

式中　W_{gn}——万元增加值用水量节水潜力；

Z_0——现状年工业增加值；

Q_0——现状年万元工业增加值用水量；

Q_t——高水平下的万元工业增加值用水量。

按照工业规模，2019 年连云港市工业增加值为 1 099.19 亿元，其用水水平若提高至相应节水标准条件下的水平，连云港市工业节水潜力成果见表 6-11。

表 6-11　连云港市工业节水潜力成果表

指标	现状年	2025 年	2030 年	2035 年
万元工业增加值取水量/m^3	17.7	16	15	14
工业用水重复利用率/%	66	80	85	90
提高工业用水重复利用率节水量/万 m^3	——	8 011.16	10 872.28	13 733.41
提高万元工业增加值用水量节水量/万 m^3	—	1 868.62	2 967.81	4 067.00

6.4.3　生活节水潜力分析

随着城镇化建设发展和人们生活水平的提高，人均生活用水量将逐年增加。生活节水主要从供水管网的更新改造、节水器具推广普及和公共用水等方面减少水资源的浪费和有效利用等方面着手挖掘节水潜力。

（1）提高供水管网节水潜力估算

$$d_{Wgw}=W_{gw0}-W_{gw0}(1-\eta_0)/(1-\eta_t)$$

式中　d_{Wgw}——供水管网节水潜力；

W_{gw0}——自来水厂供出的城镇生活用水量；

η_0，η_t——现状年实际供水管网漏失率和按先进城市供水管网漏失率控制的供水管网漏失率。

（2）提高节水器具节水潜力估算

$$d_{Wqj}=R\cdot J_z\times 365/[1\ 000\times(P_t-P_0)]$$

式中　d_{Wqj}——节水器具节水潜力；

R——城镇人口；

J_z——取 28；

P_0，P_t——现状年节水器具普及率和理想条件下的节水器具普及率。

2019 年末，连云港市生活用水总量为 2.11 亿 m^3，城镇生活用水量为 1.54 亿 m^3，2019 年连云港市总人口 451.10 万人，其中，城镇常住人口 286.89 万人，按连云港市现状经济社会规模，生活用水水平若提高至相应节水标准条件下的水平，连云港市生活节水潜力成果见表 6-12。

表 6-12 连云港市生活节水潜力成果表

指标	现状年	2025 年	2030 年	2035 年
节水器具普及率/%	90	95	98	100
管网漏失率/%	12	10	9	8
供水管网节水量/万 m^3	—	342.22	695.60	917.39
节水器具节水量/万 m^3	—	146.60	234.56	293.20

6.4.4 第三产业节水潜力分析

第三产业节水为服务业节水，具体措施主要包含在以下几个方面：

(1) 高耗水行业节水：洗浴业和洗车业是特殊用水行业，节水措施一直未正式提上日程。如果实行惩罚性节水价格措施，发布法规性文件进行节水，可以真正带动两个行业节水。未安装节水设施、设备的洗浴场和洗车场(点)，可责令停业整顿。

洗车业：目前市场上洗车业的设施总体陈旧、落后，采用高压水枪甚至普通水管加抹布清洗，造成环境污染和水资源的极大浪费。手工清洗一辆小型车用水 200～300 L，大客车用水 400 L。若按市区每辆车每周清洗一次计算，用水量相当惊人。洗车节水的环节在于使用自动洗车设备，安装循环用水设备。其配套的循环净化系统使 75%的水得到重新使用。凡日洗车 50 辆以上的单位必须安装和使用循环用水的节水洗车设施，逐步推广无水环保洗车技术。

洗浴业：洗浴业节水设备主要为踩踏式、定时式。今后洗浴、洗车业等高耗水服务业，必须安装和使用节约用水设施和器具，提高水的利用效率。

(2) 学校寄宿中存在着较为严重的浪费水现象，洗澡、洗碗、刷牙、洗衣时有长流水现象，特别是洗衣无人在场故意开着龙头连续冲洗。水龙头未关紧造成的滴漏情况普遍，便器水箱长时间漏水无人过问。学生中有人故意损坏淋浴喷头。学校管理方面的问题主要表现为水龙头和冲洗水箱质量问题引起滴漏、损坏的用水设备未及时修理造成浪费；学校没有建立有效的节水监督管理方法，节约用水的风气更无从谈起。校园的生活节水也是节水工作的重点之一，对学生公寓用水实行计量管理，可有效地控制浪费水资源现象的发生。

估算第三产业节水，通过现状第三产业增加值与节水定额来估算，通过提高万元工业增加值用水量节水潜力计算。

$$W_{gnL}=Z_{0L}(Q_{0L}-Q_{tL})$$

式中 W_{gnL}——第三产业万元增加值用水量节水潜力；

Z_{0L}——现状年第三产业增加值；

Q_{0L}——现状年第三产业万元工业增加值用水量；

Q_{tL}——高水平下的第三产业万元工业增加值用水量。

据调查，2019 年连云港市第三产业增加值为 1 413.44 亿元，根据需水预测成果，节水潜力见表 6-13。

表 6-13　连云港市第三产业节水潜力成果表

指标	现状年	2025 年	2030 年	2035 年
万元工业增加值用水量/m^3	4.4	4.2	4.0	3.8
第三产业节水量/万 m^3	——	282.69	565.38	848.06

6.4.5　生态环境节水潜力分析

2019 年连云港市生态用水量为 6 300 万 m^3，随着城镇化进程的加快，生态用水量肯定会有较大幅度提高。若其用水以污水厂处理后的回用水取而代之，用于城镇绿化、喷洒道路、城镇水环境建设，不仅可以减少排污，而且可以节约大量的清洁水资源。

生态环境节水潜力计算主要为通过提高绿化和环境卫生单位面积用水量来估算。据调查，2019 年绿地面积为 17.30 万 m^2，环境卫生用地面积为 4 234 万 m^2，生态环境节水潜力见表 6-14。

表 6-14　连云港市生态环境节水潜力成果表

用地类型	现状用水面积/万m^2	单位面积用水量/[L/(m^2·d)]				节水量/万m^3		
		现状年	2025 年	2030 年	2035 年	2025 年	2030 年	2035 年
绿地	17.30	7.00	6.80	6.60	6.40	1.26	2.53	3.79
环境卫生	4 234.00	2.00	1.90	1.80	1.70	1 543.29	3 086.59	4 629.88

6.5　节水措施方案

6.5.1　农业节水措施

根据连云港市水资源状况与气候条件对照灌区现状，并结合连云港市发展水平与发展计划，通过提高灌溉用水效率，优化配置水资源，推广节水灌溉技术，加强灌溉管理等措施来提高农业节水。

6.5.1.1　*灌区节水改造与续建配套工程措施*

加快灌区续建配套与节水改造进程，重点对灌区的水源与渠首工程、骨干渠道工程以及骨干渠系建筑物工程进行更新改造与续建配套，减少输配水损失。

（1）水源与渠首工程措施

经多年水利建设，连云港市骨干水源工程基本形成，本次规划以更新改造为主。连云港市大部分建筑物经过多年的运行，年久失修，均存在不同程度的破损。木闸门腐烂、启闭机失灵、翼墙开裂、护坡护坦冲毁、混凝土构件碳化露筋，需进行加固、改建和扩建。根据对渠首工程进行维修破损、更新老化设备、拆建病危建筑的要求和对水源工程的规划，进行渠首工程的续建配套与更新改造，以及水源工程的规划建设。

（2）骨干渠道工程措施

骨干渠道工程指支渠（1 m^3/s 以上的斗渠）及其以上的渠道系统，连云港市骨干渠道主要是指支渠和斗渠。连云港市境内土质较差，部分地区虽为黏土，但是土壤结构为竖状，渗漏特别严重；很多地区多为砂土，易冲刷，灌北地区由于靠近海口，渠道上有龙虾洞、蟹洞、穿通沟渠，渠道漏水现象严重，群众多次移渠。因此，为节水增效，本次规划对全市灌区的干渠、支渠实行混凝土防渗衬砌以及夯实。

(3) 骨干渠系建筑物工程措施

骨干渠系配套建筑物是指支渠以上级的骨干渠道上的分水、节制、交叉、交通等建筑物和内部提水泵站等。目前，连云港市大多数灌区内渠系配套建筑物与现状渠系不配套，普遍出现阻水、束水、跑水等现象。为适应现代化灌区的节水、管理、调控、交通等要求，规划对灌区骨干渠系建筑物工程进行续建配套和加固改造，规划新建、拆建、改造泵站 1 810 座，拆建、加固骨干渠系配套建筑物 4 936 座。

6.5.1.2 推广田间工程节水措施

以节水增效为中心，适当调整田间工程布局，实行沟、渠、田、林、路综合规划，桥、涵、闸、站、进出水洞等全面配套，旱、涝、渍、碱综合治理，达到沟渠系统健全，排水灌溉不越级。通过因地制宜大力推广渠道防渗技术、低压管道输水灌溉技术、喷微灌技术以及对田间渠系建筑物进行配套、改造，至 2035 年，使全市灌区节水灌溉工程控制面积率达到 95%以上，全市灌区灌溉水利用系数达到 0.67。

6.5.1.3 推行农业节水技术措施

全面推行农业节水灌溉技术。推广水稻浅湿灌溉、湿润灌溉与控制灌溉。开展土地平整、良种化和平衡施肥，改进旱作地面灌水方式，推行田间地面灌水、管灌、微灌以及喷灌等技术。加强农作物关键时期灌水，即选择农作物整个生育期中对水最敏感和对产量影响最大的时期灌水。通过运用这些农业节水灌溉技术，充分利用降雨，减少深层渗漏和无效蒸发损失，达到提高田间水分利用率，节约灌溉用水的目的。力争到 2035 年，农业田间节水灌溉技术措施推广应用面积占有效灌溉面积的 100%。

6.5.1.4 利用经济杠杆促进农业节水措施的实施

制定合理的水价政策，利用经济杠杆优化种植结构，并加大节水投入，实现农业节水效果。加强灌区用水计量监测，普及计量监测设施，逐步推行量水到干、支、斗渠，形成完整的量水记录和监测成果，全面实行计量用水。逐步实行按成本收费，实行节水灌溉计划内用水平价收费、超计划用水累进加价收费的奖惩制度，并减少收费中间环节。最终建立责权明确、管理科学、自主经营、独立核算并能适应社会主义市场经济要求的运行管理机制。

6.5.1.5 完善农田科学管理措施

健全农业节水技术推广的服务体系，实现农业节水计量制度。加强用水管理，建立适合社会主义市场条件下的运行机制，大力宣传节水的重要性，提高群众的节水意识，实行管理节水。继续推行小型农村水利工程管理制度改革，采用承包、租赁、转让、拍卖、有偿使用以及股份合作制等形式，鼓励农民直接参与管理和经济，允许社会各界以不同的方式参与节水工程建设和管理。成立镇、村计划用水管理协会，建立村级水务管理体系，由专职技术人员负责辖区内的农业灌溉和工程管护，建立小型农田水利管理长效机制，降低用水量，提高节水效益。

6.5.2 工业节水措施

(1) 优化工业布局和产业结构，发展节水型工业

根据水资源条件和行业特点，按照以水定产、以水定发展的原则，引导工业布局和产业结构调整。鼓励发展用水效率高的高新技术产业，积极发展节水型产业和企业。优化企业的产品结构和原料结构，通过增加优质、低耗、高附加值、竞争力强的产品的种类和数量，优化工业产品结构和原料结构，提高工业投资比例，提高技术改造投资比例，提高科技开发投入比例，加快产业技术升级，初步形成以优势产业为基础、骨干企业为依托、高新技术产业初具规模的节水型工业发展格局。

逐步关停工艺落后、耗水量大、污染严重的小型企业，鼓励发展用水效率高的高新技术产业。严格化工企业准入门槛，禁止引进高耗水、高污染的工业项目。新建石化、钢铁等企业向工业园区集中。

(2) 建设节水工业园示范区，推进清洁生产战略

鼓励经济技术开发区、工业园区等推进园区统一供、排水体系建设。强化工业园区供、排水管理，全面推行清洁生产，大力发展循环用水系统、串联用水系统和回用水系统，发展和推广蒸汽冷凝水回收再利用技术，发展外排废水回用和零排放技术，提高水的重复利用率。为推进清洁生产战略，加快污水资源化步伐，应按生态工业园理念，实施工业园内厂际串联用水、污水资源化，实现废污水零排放，建成清洁型、循环型工业园示范区，鼓励企业和园区开展环境管理体系认证，在各县区建成 1～2 个关联度高、上下游产品配套协作，实现资源共享、循环利用、共同发展的示范性循环经济生态工业园区。近期的建设重点徐圩片区，将以循环经济园区为目标开展建设。

(3) 建设节水技改示范工程，推广节水技术和节水工艺

火力发电行业以循环冷却水高浓缩、浓浆输灰、干式除灰、冲灰水回收利用等节水技术为主；钢铁行业以高炉煤气干法除尘、污水处理及回用、干法熄焦等节水技术为主；石油石化行业以循环冷却水高浓缩、污水深度处理回用等节水技术为主；纺织行业以低水位逆流漂洗、印染废水深度处理回用、溴化锂冷却等节水技术为主；造纸行业组织以制浆封闭筛选、中浓操作、纸机用水封闭循环、白水回收等节水技术为主；食品行业推广高浓度糖化发酵、节水罐装、高逆流螺旋式冷却等节水技术为主。

新建、改建、扩建工业项目要按照高标准节水要求建设，现有的企业要结合技术改造对用水系统进行改造，淘汰落后的用水设施。强化节水设施和节水器具、设备生产质量的监管，清理和整顿节水型产品的生产及流通领域，规范节水产品市场。限制和淘汰落后的高耗水工艺和设备(产品)、鼓励使用的节水工艺和设备(产品)。严禁淘汰的高耗水工艺和设备重新进入生产领域。加大以节水减排为重点的企业技术进步力度，对节水设备和器具生产企业按照国家规定落实减免税的优惠政策。以重大节水示范工程为基础，采取“鼓励”“限制”“淘汰”“禁止”等措施，引导工业节水技术的发展，促进企业技术升级、工艺改革及设备更新，重点推进火电、冶金、石化、纺织、造纸、食品等高耗水行业的节水技术改造，提高工业用水重复利用率和工艺节水水平，实现循环用水，一水多用。

(4) 制定行业节水标准，发展节水型产品

加强用水定额管理，制订并及时修订地方行业用水定额和节水标准，建立节水产品认证

制度和市场准入制度。强化节水设施和节水器具、设备生产质量的监管，清理和整顿节水型产品的生产及流通领域。规范节水产品市场，对节水设备和器具生产企业按照国家规定落实减免税的优惠政策，对落后的耗水高、用水低效的项目、产品、设备实行强制淘汰。

(5) 加强用水制度建设，开展企业内部水平衡测试，创建节水型企业

加强企业内部用水管理，制订生产企业工艺、设备用水标准和限额，建立和完善工业节水标准和指标体系；规范企业用水统计报表，定期开展水平衡测试工作，强化对用水和节水的计量管理，重点企业主要用水车间和主要用水设备的计量器具装配率达到100%。

实施工业项目用水、节水评估和审核制度，建立和完善工业节水项目“三同时”验收办法，建设项目中节水设施部分从可研、初步设计、施工、竣工验收等环节均严格要求。节水设施应当与主体工程同时设计、同时施工、同时投入使用。新建、改建、扩建建设项目需要取用水的，应当制订节水方案，进行节水评估，配套建设节水设施。已建项目未配套建设节水设施的，应当在水行政主管部门或者有关部门规定的期限内进行节水设施的配套建设。

(6) 实施主要行业工业节水技术推广

重点抓好连云港市钢铁、化工、造纸、食品和医药等主要高耗水行业节水。推进节水减排技术改造，建设高效节水减排技改示范工程，结合对企业改造与整合的步骤，扶持一批节水示范企业，对高耗水企业实行用水定额管理。

① 钢铁行业。

对钢铁企业实行强制性用水定额管理。对循环水系统实施改造。加强污水站进水管理，促进污水水质的良性循环。加强各循环水泵的补水管理，针对水质要求不高的系统，优先使用中水。严格规定浊环系统在中水水质达标的情况下使用再生水。

② 化工行业。

关闭污染严重的小化工企业，淘汰落后工艺流程和附加值低的产品，加快技术改造步伐。推广以循环冷却水高浓缩、稠油污水处理回用、污水深度处理回用等节水技术。调整不合理产品的原料政策和原料路线，对落后的工艺技术进行改造。开发新型水质稳定剂和实用水处理技术等。推进企业用水网络集成优化，采用蒸汽冷凝水回收利用技术和外排水回用技术。采用高效节水型冷却塔或其他冷却构筑物，优化循环冷却水系统。采用高效循环冷却水处理技术以及发展空气冷却等技术。积极推广闭路循环、清污分流等技术。化工生产过程中的产品洗涤、装备清洗、环境冲洗等用水，推行逆流漂洗、喷淋洗涤、汽水冲洗、气雾喷洗、高压水洗等节水技术。

③ 造纸行业。

压缩草浆，大力发展木浆，强化污水处理技术，减少污水排放量。推广废纸造纸“零排放”、制浆封闭筛选、中浓操作技术、高效沉淀过滤设备等节水技术。推广使用纸机白水回收系统设备。建设循环水系统改造、中浓封闭筛选系统改造、碱回收蒸发站冷凝水的分级及回用系统、废液综合利用、废污水回收再生利用等节水工程项目。制浆车间蒸煮系统使用紧凑蒸煮工艺，粗浆洗涤、筛选采取扩散洗涤器，蒸煮工段产生黑液采用碱回收技术，造纸车间浆料准备工段的浆料洗涤在10%左右的中浓度中进行操作。

④ 食品行业。

间接冷却水循环利用技术；生产工艺水回收利用技术；水的串联使用；封闭循环用水技术；逆流漂洗工艺；压力喷淋清洗工艺；实施清洁生产，发展少用水或不用水工艺等。

(7) 加强非常规水源利用

充分发挥连云港石化产业基地临海的优势，尤其是利用发展核电、火电、石油化工以及钢铁等大型企业的契机，在沿海地区工业企业大力推广海水直流冷却和海水循环冷却技术。鼓励发展实施以卤水制盐碱以及提取其他有用成分相结合为主，兼顾海水淡化的产业链技术，在经济、技术可行的条件下，在沿海每个工业园区至少选择 1～2 家企业建立海水直接冷却、循环冷却等示范工程。

目前连云港市再生水利用较少。规划进一步推动连云港市工业园区再生水厂建设，实现企业污水的再生利用。污水经管网收集至污水处理厂集中处理后的尾水，经过再生水厂分类分级处理和深度处理，用于各企业循环冷却用水、道路浇洒、绿化和景观水体等。

6.5.3　生活节水措施

城镇生活用水包括城镇居民、商贸、机关、院校、旅游、社会服务、园林景观等用水。

(1) 实行计划用水和定额管理，加强公共用水管理

分类制定科学合理的用水定额，逐步扩大计划用水和定额管理制度的实施范围，适时对城市居民用水推行定额管理制度。针对不同类型的用水，实行不同的水价，以价格杠杆促进节约用水和水资源的优化配置，强化计划用水和定额管理力度。鼓励用水单位采取节水措施，并对超计划用水的单位给予一定的经济处罚。居民住宅用水全面实现分户装表，计量收费，逐步采用阶梯式水价或两部制水价制度。

强化公共用水和自建设施供水的计划管理，确定服务业的用水定额，并实行严格的计划管理。加强对城镇建设项目的监督管理，合理进行城镇建设布局，合理确定产业结构。建设项目建设过程中，加强监督管理，全面落实“三同时”、“四到位”制度。加强城镇公共用水管理，实施公共建筑和住宅用水计量到户。对市政、环卫、绿化等非居民城市公共生活用水试行计量用水。城市绿化发展生物节水技术，提倡种植耐旱性植物，采用非充分灌溉方式进行灌溉作业。重视对大型建筑临时用水的管理。

(2) 全面推行节水型用水器具，提高生活用水效率

依靠科技进一步研制、开发节水的新技术和新产品，推广质优高效、性价比高的节水型器具。推广节水型龙头、便器和沐浴设施，制定并推行节水型器具的强制性标准。新建、改建、扩建的公共和民用建筑，禁止继续使用国家明令淘汰的用水器具，对政府机关、商场宾馆等公共建筑装有不符合节水标准的用水器具，限期更换。

对家庭住宅积极宣传和推广使用生活节水器具，制定和鼓励居民家庭更换节水型器具的配套政策，引导居民尽快淘汰现有住宅中不符合节水标准的生活用水器具；禁止生产、销售不符合节水标准的产品、设备，逐步更换不符合标准的用水器具；新建、改建、扩建的居民住宅、政府机关、医院学校、商场宾馆、餐饮娱乐等公共建筑与民用建筑均应当安装使用节水型器具、设备；积极推行低影响开发建设模式，建设滞、渗、蓄、用、排相结合的雨水收集利用设施；确定居民生活用水装表率、节水型水龙头和节水型便器水箱安装率、卫生器具和设备漏水率、公共用水水表计量率以及人均生活用水量等多项考核指标。

(3) 加快城市供水管网技术改造，降低输配水管网漏失率

对供水管网进行全面普查，建立完备的供水管网技术档案，制定供水管道维修和更新改造计划，加大新型防漏、防爆、防污染管材的更新力度。大口径管材优先考虑预应力钢筒混

凝土管；中等口径管材优先采用塑料管和球墨铸铁管，逐步淘汰灰口铸铁管；小口径管材优先采用塑料管，逐步淘汰镀锌管。加强自用水的管理，完善管网检漏制度，推广先进的检漏技术，升级检测手段，降低供水管网漏失率。实施用水远程计量技术，开展企业水平衡测试和供水管道查漏维护，加强用水和节水计量在线监测。加强供水调度，控制管网服务压力，降低管网爆管事故率，进一步控制管网漏失率。

(4) 加大生活污水处理与回用力度，积极推广再生水回用技术

在城市改建和扩建过程中，积极改造城镇排水网，安装生活污水集中排放和处理设施，同时城市污水厂为中心建设污水回用系统示范工程。城市大型公共建筑和供水管网覆盖范围外的自备水源单位，都应建设再生水系统，并在试点基础上逐步扩大居住小区再生水系统建设的推行实施范围。

(5) 加强雨水收集利用

加强对雨水收集、存贮、控制并高效利用。在城市绿地系统和生活小区，推广城市绿地草坪滞蓄直接利用技术，雨水直接用于绿地草坪浇灌；鼓励房屋屋顶雨水收集，雨水直接用于绿地草坪或作为其他市政公共用水。

(6) 加强节水宣传，加快节水型单位和节水型社区建设，提高公共生活用水效率

加大节水宣传力度，充分利用现代科技手段，强化宣传效果，帮助公民树立科学的用水观念，增强水忧患意识，养成良好的节水习惯，使节约用水成为全体公民的自觉行为，并形成"惜水、节水、护水、爱水"的意识。制定节水型社区标准，在全省大中城市，重点在学校、医院、宾馆等单位以及工业企业生活小区、城市居民住宅小区开展创建"节水型单位"和"节水型社区"活动。提高生活用水大户(如洗车场、浴场等)的用水重复利用率，同时加强生活用水中的冷却塔运行管理，提高冷却水循环率。

6.5.4 非常规水源利用

在城市排水系统建设中，首先应考虑雨污分流，主要是城区新建区域排污管网全部实行雨污分流制，工业区废水应进入城市污水处理厂进行统一处理，加大城市内河综合整治力度，加快城市内河两侧的截污管道建设，生活污水和工业废水都集中送到污水处理厂处理后排放和回用，老城区或改造困难地区近期采用截流式合流制排水体制，随着老城区的改造逐渐完成，中远期实现雨污分流制；其次考虑实施污水处理回用示范工程和雨水利用示范工程。

大力推进对雨水、再生水、海水、矿坑水等非常规水源的开发利用，并将非常规水源纳入区域水资源统一配置，逐年提高利用比例，并严格考核。新建、改建、扩建设计日处理能力5万 m^3 以上的污水处理厂，有条件的应当配套建设再生水利用系统。工业集聚区应当规划建设集中式污水处理设施和再生水利用系统，区内再生水利用率应达到30%以上。新建小区、城市道路、公共绿地、公园等因地制宜配套建设雨水集蓄利用设施。严禁盲目扩大景观、娱乐水域面积，生态用水优先使用非常规水，具备使用非常规水条件但未充分利用的建设项目不得批准其新增取水许可，自来水下游企业不得作为审批企业下达用水计划。规划用地面积2万 m^2 以上的建设项目，应当配套建设雨水净化、渗透和收集利用系统。沿海地区应当制定扶持政策，鼓励和引导对海水进行综合利用。

提高城镇污水处理率，完善再生水利用的设施和政策，鼓励使用再生水，扩大再生水利

用规模，推广再生水设施建设。

6.6　规划水平年节水评价

6.6.1　供需水预测的节水符合性

供需水预测符合性评价：应从水资源条件和管控要求论证经济社会发展指标的可达性；分析评价规划水平年所采用用水效率（定额）指标与管控指标、相关标准、相关规划的符合性。

根据调查资料和连云港市 2000—2019 年水资源公报资料分析得出结论：随着人们生活水平的提高，生活用水量不断增加，生活用水占比从 2000 年的 7.30%增长到 12.52%，年均增长 0.3 个百分点，生活用水占比呈现明显的增长趋势。随着工业技术水平和节水水平的提高，工业用水占比从 2005 年开始呈下降趋势，2005—2019 年，年均下降 0.3 个百分点。农业用水受到降水影响而呈浮动变化，但整体呈下降趋势。

据相关文件，各县区 2030 年实行最严格水资源管理制度各县区用水总量控制指标，见表 6-15。

表 6-15　2030 年实行最严格水资源管理制度各县区用水总量控制指标

县、区	东海县	灌云县	灌南县	赣榆区	海州区	连云区	全市
用水总量/亿 m^3	6.97	5.2	4.17	4.75	5.4	3.73	30.22

连云港市规划水平年 2030 年需水预测成果见表 6-16。

表 6-16　连云港市规划水平年 2030 年需水预测成果

行政区	需水量/亿 m^3			
	多年平均值	$P=50\%$	$P=75\%$	$P=95\%$
连云区	5.44	5.55	5.68	5.85
海州区	4.07	4.35	4.66	5.10
赣榆区	4.54	4.66	5.00	5.49
东海县	6.90	7.08	7.67	8.53
灌云县	5.15	5.38	5.81	6.46
灌南县	4.14	4.26	4.59	5.08
全市	30.24	31.28	33.41	36.51

根据需水预测成果，在推荐方案下，2030 年连云港市多年平均值保证率下在用水总量控制指标范围内，50%保证率下超过用水总量控制指标为 1.05 亿 m^3，75%保证率下超过用水总量控制指标为 3.17 亿 m^3，95%保证率下超过用水总量控制指标为 6.28 亿 m^3。

分县区来看，除连云区外，2030 年连云港市各县区多年平均值保证率下在用水总量控制指标范围内；海州区 95%需水预测成果也未超过总量控制指标；连云区需水预测总量超过用水总量控制指标，主要是因为随着石化产业基地的发展，众多企业入驻徐圩新区，工业需水量迅速增加。

考虑多年平均值保证率下生活、生产以及生态用水占总用水量的比例见表 6-17。

表 6-17　连云港市需水预测用水结构

指标	水平年	生活	农田灌溉	农业			工业	生态	建筑业及三产	徐圩新区	合计
				林业	渔业	畜牧业					
需水量/亿 m^3	基准年	2.11	18.48	0.12	1.56	0.18	2.02	0.32	0.74	0.93	26.46
	2025	2.25	18.16	0.13	1.57	0.18	2.77	0.34	1.05	2.51	28.96
	2030	2.40	17.63	0.14	1.59	0.17	3.25	0.36	1.42	3.44	30.4
	2035	2.53	17.28	0.14	1.60	0.16	3.62	0.38	1.93	3.96	31.60
占比/%	基准年	7.97	69.82	0.46	5.90	0.69	7.63	1.21	2.80	3.52	100
	2025	7.77	62.70	0.45	5.44	0.61	9.55	1.17	3.63	8.68	100
	2030	7.90	58.02	0.45	5.22	0.55	10.70	1.18	4.66	11.32	100
	2035	8.00	54.68	0.45	5.06	0.50	11.47	1.20	6.10	12.54	100

根据表 6-17，农田灌溉用水比例逐年减小，工业用水、徐圩新区用水以及第三产业用水占比逐年增大，符合社会经济发展趋势。随着经济社会的发展和人口的增加，生活用水量增加，但是由于节水技术水平的提高，生活用水占比较为稳定。连云港市农业用水占比较大，随着工业的发展和农业节水技术的提高，农田灌溉用水占比降低，工业用水比例增大，用水结构合理。

根据供水预测结果，连云港市多年平均值保证率下各水源可供水量见表 6-18。

表 6-18　连云港市规划水平年各水源供水预测成果　　单位：亿 m^3

水平年	保证率	本地地表水	过境水	江淮水	地下水	非常规水源	总供水量
基准年(2019 年)	多年平均值	55 384	68 863	135 811	1 200	2 190	263 448
	50%	49 048	63 779	151 618	1 200	2 190	267 835
	75%	31 378	50 280	202 798	1 200	2 190	287 846
	95%	14 996	37 982	258 547	1 200	2 190	314 915
近期(2025 年)	多年平均值	56 373	70 078	150 832	0	10 074	287 357
	50%	49 957	64 897	170 230	0	10 074	295 158
	75%	32 006	51 163	233 966	920	10 074	328 129
	95%	15 337	38 317	280 937	3 880	10 074	348 545
中期(2030 年)	多年平均值	57 362	71 317	157 561	0	16 097	302 337
	50%	50 865	66 038	179 805	0	16 097	312 805
	75%	32 634	52 063	226 324	1 012	16 097	328 130
	95%	15 678	38 656	273 847	4 268	16 097	348 546

表 6-18(续)

水平年	保证率	本地地表水	过境水	江淮水	地下水	非常规水源	总供水量
远期 (2035 年)	多年平均值	58 351	72 581	163 813	0	20 842	315 587
	50%	51 773	67 202	187 969	0	20 842	327 786
	75%	33 261	52 982	232 875	1 113	20 842	341 073
	95%	16 019	38 998	279 734	4 695	20 842	360 288

根据供水预测结果可知:连云港市用水主要依靠调引江淮水和过境水。为涵养地下水资源,浅层地下水主要用于偏枯年份东海县、赣榆区西北部水资源条件较差且供水困难的地区。规划水平年非常规水源的供水量逐步加大,再生水用水量增大,规划期末利用海水资源。到远期规划水平年 2035 年全市多年平均值保证率下供水量约为 31.56 亿 m^3,比基准年增加 5.22 亿 m^3,年均增长率为 1.98%。

连云港市本地水资源不足,水利工程较为发达,过境水充沛,按照国家政策及相关规划要求,为改善水质、节约用水,实施集中供水,供水工程充分依托连云港市供水体系,实现一体化共赢。加强接水管理,鼓励再生水回用,推广海水利用。

6.6.2　水资源配置的节水符合性

根据水资源配置结果,在采取强化节水措施的前提下,水源配置次序是:先地表水、后地下水;先本地区径流、过境水,后外调(引)水;配置过程中优先满足生活用水,保障重点工业用水,兼顾生态环境和农业用水。

根据水资源配置结果,规划水平年 2025 年、2030 年、2035 年连云港市水资源缺水情况见表 6-19。

表 6-19　连云港市规划水平年缺水情况

行政区划	保证率	缺水量/万 m^3			缺水率/%		
		2025 年	2030 年	2035 年	2025 年	2030 年	2035 年
连云区	多年平均值	0	0	0	0.00	0.00	0.00
	50%	0	0	0	0.00	0.00	0.00
	75%	0	0	0	0.00	0.00	0.00
	95%	0	0	0	0.00	0.00	0.00
海州区	多年平均值	0	0	0	0.00	0.00	0.00
	50%	0	0	0	0.00	0.00	0.00
	75%	0	0	0	0.00	0.00	0.00
	95%	561	1 397	1 890	1.1	2.7	3.6
赣榆区	多年平均值	0	0	0	0.00	0.0	0.0
	50%	0	0	0	0.00	0.0	0.0
	75%	989	1 710	2 175	2.0	3.4	4.2
	95%	2 968	3 535	5 055	5.6	6.4	8.9

表 6-19(续)

行政区划	保证率	缺水量/万 m^3			缺水率/%		
		2025 年	2030 年	2035 年	2025 年	2030 年	2035 年
东海县	多年平均值	0	0	0	0.00	0.0	0.0
	50%	0	0	0	0.00	0.0	0.0
	75%	3 757	4 181	5 110	5.0	5.5	6.5
	95%	9 069	9 414	10 451	10.8	11.0	12.0
灌云县	多年平均值	0	0	0	0.00	0.0	0.0
	50%	0	0	0	0.00	0.0	0.0
	75%	0	0	0	0.00	0.0	0.0
	95%	1 811	2 220	2 986	2.8	3.4	4.5
灌南县	多年平均值	0	0	0	0.00	0.0	0.0
	50%	0	0	0	0.00	0.0	0.0
	75%	0	0	0	0.00	0.0	0.0
	95%	0	0	0	0.00	0.0	0.0
全市合计	多年平均值	0	0	0	0.00	0.00	0.00
	50%	0	0	0	0.00	0.00	0.00
	75%	4 745	5 892	7 285	1.5	1.8	2.1
	95%	14 409	16 566	20 382	4.1	4.5	5.4

根据表 6-19，规划水平年多年平均值和 50%保证率下，连云港市不缺水；75%和 95%保证率下，2025 年缺水分别为 1.5%和 4.1%，2030 年缺水分别为 1.8%和 4.5%，2035 年缺水分别为 2.1%和 5.4%；连云港市 75%保证率下连云港市缺水主要发生在赣榆区和东海县；95%保证率下连云港市缺水主要发生海州区、赣榆区、东海县、灌云县。

连云港市本地水资源不足，主要依靠调引江淮水来满足连云港市工农业生产及生活需求，江苏水利工程较发达，供水能力与供水保证率较高，再生水与海水的利用符合国家节能减排的要求。《全国海水利用“十三五”规划》中提出，“在沿海缺水城市、海岛、产业园区和西部苦咸水地区等重点领域和电力、钢铁、石化等重点行业大力推进海水利用的规模化应用，开展海水利用示范城市、示范海岛、示范园区等的建设，推广可复制的海水利用典型模式。”随着海水淡化技术的不断完善，淡化成本进一步降低，海水淡化是解决水资源不足问题的重要途径。

通过水资源配置方案，连云港市供水工程供水能力强，随着节水技术的发展和水利工程的发展，缺水率减小，缺水主要发生在东海县、赣榆区以及灌云县西北部的水资源条件较差且供水困难的地区，生活用水和工业用水能够得到保障。加大再生水回用，规划期末考虑海水利用，水资源配置符合产业布局、水资源管理等要求，配置方案合理。

6.6.3 节水指标合理性、先进性

根据供需水预测结果，规划水平年 2030 年多年平均值保证率下需水总量为 30.23 亿 m^3，符合用水总量控制指标要求。规划期末，用水效率指标见表 6-20。

根据《水利部关于开展规划和建设项目节水评价工作的指导意见》(水节约〔2019〕136号)和《规划和建设项目节水评价技术要求》(办节约〔2019〕206号)现状节水评价参考指标，东南区各指标的平均值与先进值见表6-20。

表6-20　规划水平年连云港市主要用水指标

用水指标	2025年	2030年	2035年	平均值	先进值
万元工业增加值用水量/m^3	15	13	12	47.8	23.4
工业用水重复利用率/%	78	85	90	87.1	88.9
农田灌溉水有效利用系数	0.62	0.64	0.65	0.565	0.736
城镇公共供水管网漏损率/%	10	9	8	13.2	10.8
生活节水器具普及率	95	98	100	72.7	100

分行业看，规划期末，连云港市万元工业增加值用水量为12 m^3，工业水重复利用率为90%，优于东南区主要用水指标；规划期末生活用水指标城镇公共供水管网漏损率与生活节水器具普及率均优于东南区生活用水指标先进值；考虑农业用水指标，规划水平年2025年农田灌溉水有效利用系数优于东南区平均水平，由于连云港市农业用水占比较大，规划期末农田灌溉水有效利用系数未达到东南区先进值，指标设置合理。

综上所述，规划期末，连云港市需水总量符合用水总量控制指标要求，主要用水指标优于同行业先进水平。

6.6.4　节水效果评价

6.6.4.1　经济效益

采用先进的节水技术减少了取用水量和排污量、降低了生产成本、提高了生产水平，其产生的经济效益包括节省水费及电耗，节省能源，减少排水、污水处理工程投资及污水处理费，提高水质。

6.6.4.2　社会效益

节水型社会体现了人类发展的现代理念，是现代社会文明的标志之一，也是现代化的重要标志。节水型社会建设是走生产发展、生活富裕、生态良好、社会文明的发展道路，是促进人水和谐及推进和谐社会建设的重要战略举措。通过节水型社会建设，可以实现水资源微观上利用的高效率、中观上配置的高效益和宏观上利用的可持续，最终实现连云港市水资源集约高效利用、经济社会快速发展、人与自然和谐相处。此外，节水型社会的建设可以提高应对特大干旱年和重大污染事故的抵御能力，从而对于保障社会的稳定与居民的身心健康将发挥重要作用。

(1) 推进农业结构调整，加快发展农业生产。农业结构调整客观上对灌溉的高效性和先进性提出了新的要求，推动了节水农业的发展。而先进的节水灌溉技术可以为农业结构调整提供良好的基础条件，加快农业结构调整的步伐。农业节水规划的实施可以促进传统农业向现代农业的转变，加快发展农业。

(2) 加快农业基础设施的建设，改善农业生产条件，保障粮食安全。农业节水规划的实施，可以改变连云港市长期以来农田水利基本建设与经济发展不相适应的状况，促进连云港市农田水利再上新台阶，可以最大限度地提高农田水分生产率和粮食产出率，稳定和促进农业生产，解决连云港市人口多、耕地少的矛盾。

(3) 推动社会经济的全面发展，保障人民生活用水安全。节水规划的实施，使用水量大为减少，可以缓解农业与工业、城市与乡村争水矛盾，增加交通、旅游和环境生态用水量。节水工程的建设有效提高了生产水平，对推动社会经济的全面发展与可持续发展具有十分重要的意义。

(4) 有效促进了城镇化和工业化发展。未来 30 年是连云港市城市化的快速发展重要时期，城市规模和城市空间布局将出现重大变化，也是工业化进程加快的重要机遇期，保障城市化和工业化的发展，既对水资源的开发利用提出了更高要求，又是水资源开发利用的重大使命。未来的水资源配置对城镇化建设和工业化发展起到了极大的保障作用。目前连云港市已初步形成了现代化城镇发展体系和现代化国民经济和工业发展体系。经过水资源的高效利用和合理配置，可基本保障未来城市化与工业化发展对水资源的需求。

(5) 为生态环境安全提供水资源保障。通过相应节水措施，全面治理地下水的超采，以逐步恢复超采区的地下生态环境。对于河道外生态环境用水量也进行了合理安排，用于城镇绿化、河湖补水以及环境卫生用水等。

6.6.4.3　环境效益

节水是从用水源头上防治污染的根本措施之一。通过节水型社会建设，统筹规划协调好生活、生产和生态用水之间的关系，将农业、工业的结构布局和城市人口的发展规模控制在水资源承载能力范围之内，最终实现生态系统的修复和生存条件的改善，以生态环境安全保障经济社会建设发展目标的实现。

(1) 农业节水影响

通过提高农田灌溉水有效利用系数，提高农业灌溉用水效率，降低农业用水量，减少农田排水量，进一步降低对自然水体的影响。

(2) 工业节水影响

通过建设污废水处理回用系统，将工业园区污废水处理回用，水质达标后排入自然水体，部分处理后的水回用。通过处理回用，有效减少排污量，降低了水体破坏程度。

(3) 生活节水影响

通过污水处理厂的建设，有效提高生活污废水处理回用能力，减少生活污废水排放量，降低对环境的不利影响。

(4) 节水能力建设的影响

通过提高供水、输水、用水等环节的管理水平，逐步降低新水取用量，提高水资源的利用效率，减少排放量。通过节水宣传等措施，提高公众节水意识，减少水资源的使用量和排放量，降低对水环境的影响。

第 7 章　水资源可持续利用对策

7.1　地表水资源保护

地表水资源保护是以地表水环境为研究对象，对研究区域的水环境质量和水环境容量进行分析，并根据地表水污染物排放现状和水质管理目标，核定现状和规划条件下水体纳污能力，制定污染物削减方案，通过各种工程和非工程措施，逐步实现地表水的达标和对排污总量的控制。

7.1.1　强化断面考核

2019 年，连云港全市 6 个“水十条”国考断面达标率为 66.7%（扣除高氟地区影响），高于 2018 年 16.7 个百分点，其中优Ⅲ类断面 3 个，占 50%，高于 2018 年 16.7 个百分点，未达到年度考核目标要求（国考断面优Ⅲ类比例达到 83.3%）；无劣Ⅴ类断面，达到年度考核目标要求（国考断面劣Ⅴ类比例为 0%）。扣除高氟地区影响，22 个省考核断面达标率为 86.3%，较 2018 年上升 4.5 个百分点，其中优Ⅲ类断面 16 个，占 72.7%，较 2018 年上升 4.5 个百分点，达到 2019 年省考目标要求（省考目标要求优Ⅲ类比例为 72.7%）；无劣Ⅴ类断面，占比与 2018 年持平，满足考核要求（省考断面劣Ⅴ比例为 0%）。

强化水环境综合治理，第一，根据相关文件要求，强化国考、省考断面考核，严格国考、省考断面目标管理，强化国考、省考断面取用水管理，推进国考、省考断面达标建设，进一步规范国考、省考断面管理。第二，严格排污口审批。按照“生活污水给出路、工业污水严管控”的要求，严格入河排污口论证、审批和管理，按照区域纳污总量控制的原则，对于现状排污量超过河道承载能力的河段，坚决不新增排污量。

7.1.2　纳污总量控制

根据江苏省水利厅、发改委联合制定的《关于水功能区纳污能力和限制排污总量的意见》，连云港市各水功能区纳污能力和 2020 年限排总量见表 7-1。

表 7-1　连云港市地表水功能区纳污能力和限排总量

行政区	纳污能力/(t/a)		2020 年限排总量/(t/a)	
	COD	氨氮	COD	氨氮
灌南县	11 127	610	13 975	1 428
灌云县	13 778	770	17 308	1 787
市区	4 021	226	5 051	528

表 7-1(续)

行政区	纳污能力/(t/a)		2020 年限排总量/(t/a)	
	COD	氨氮	COD	氨氮
东海县	22 556	1 204	28 330	2 852
赣榆区	12 075	745	15 008	1 558
全市	63 557	3 555	79 678	8 153

2019 年,连云港市现状污染物入河量在总量控制范围内,为达到进一步控制入河污染物量的要求,可以采取不同措施对各类污染源进行污染物削减:

① 工业企业可通过入河排污口整治、不同典型行业企业清洁生产审核、水污染物防治推荐技术及污水厂工业废水中水回用等措施削减污染物。

② 城镇生活污染物可以通过提高城镇生活接管率和污水厂生活污水中水回用率进行削减。

③ 集中处理的农村污染物可以通过接管进入污水处理厂处理进行削减,分散处理的农村污染物可以通过各种工艺处理措施进行削减;畜禽养殖污染物可以通过堆肥还田、有机肥生产等措施进行削减。

④ 通过实施生态拦截型沟渠系统、生态净化塘治理系统等氮磷拦截技术工程对农田面源污染物进行削减。

⑤ 积极探索海绵城市建设的同时,可以采用自然生态技术或人工净化技术来降解带入水体的径流污染物,如修建沉淀池、渗漏坑、多孔路面、蓄水池和处理污染的建筑物等。

通过对各类污染源采取不同的污染物削减措施以达到总量减排的目标。

7.1.3 内源污染治理与面源污染控制

内源污染治理与面源污染控制工程规划主要遵循以下原则:

(1) 对于底泥内源污染比较严重的河库,开展综合整治,实施生态清淤工程,促进区域水系畅通,减轻内源污染,并考虑污泥处理利用,防止二次污染。

(2) 对于水产养殖污染严重的水域,实施网箱围养等清理工程,逐步取缔围养;实施池塘循环水养殖技术示范工程,对现有养殖池塘进行合理布局,构建养殖池塘-湿地系统,实现养殖小区内水的循环利用。

(3) 对于航运污染严重水域,实施船舶防污,建设和完善船舶污染物岸上接收设施和船舶污染应急基地。

(4) 对于农村生活面源污染较重或风险较大的地区,采用各种生态措施原位处理农村生活污染,构建结构合理、良性循环、生态良好的农村环境;以自然村为单元,建设小型生活污水厌氧净化池、生活垃圾发酵池、田间垃圾收集池和乡村物业服务站,对旱厕进行沼气化改造;对已污染的水体,重点实施农村河道综合治理工程,主要治理措施包括河道清淤,河道生态净化,资源化利用农村生活垃圾、污水和人畜粪便等废弃物,减少污染物排放。

(5) 对于农业面源污染较严重的区域,应积极推广农田氮磷流失生态拦截工程,开展灌区节水改造工程,实行灌排分离和水渠生态改造,针对不同灌区的排水特点,合理设计生态沟渠的规模与形式,对农田退水及其氮磷养分进行拦蓄净化,削减入河污染;同时大力推行有机农业、绿色农业，严格控制化肥农药施用；化肥农药流失严重地区可引导农民进行种植结构调整，优先发展种植需水量少、经济效益高的经济作物，岗岭地区逐步实施喷灌、滴灌。

（6）针对畜禽养殖污染，要逐渐淘汰分散式畜禽养殖，大力推广集中式畜禽养殖，发展生态养殖和循环农业模式。通过实施干湿分离、雨污分流等环保措施，新建沼气及前延后伸工程、生态发酵床、有机肥加工等项目，推广农牧结合，粪污堆肥生态还田，提高畜禽粪便综合利用率，实现畜禽粪便无害化和资源化。

（7）针对水土流失和降雨径流污染，积极开展小流域综合治理，恢复植被、减少动土、坡耕，并结合梯级整治采用池塘、水渠、湿地、河道等生态沟渠建立截污系统，建设农村小型人工湿地处理降雨径流和截留的污水。

根据上述原则，通过统筹梳理，最终形成内源污染治理与面源污染控制的工程规划布局："底泥清淤、内源治理、面源拦截，保护主要河库水质；节水改造、生态农业，促进灌区节水减排；污水收集，垃圾清运、景观绿化，美化农村河网环境；截污分流、水系连通、调水引流，整治城市黑臭河道"。

具体工程措施见表 7-2。

表 7-2　内源污染治理与面源污染控制工程措施

工程类别	工程名称	具体措施
内源污染治理	底泥污染治理	底泥清淤、河道拓竣、水工建筑物改造、堤防整治
	水产养殖、流动线源污染治理	网箱养殖清理、生态养殖，航运、水上娱乐设施清理等
面源污染控制	农业污染控制	生态拦截沟渠、灌区节水改造、化肥减施、雨水集蓄等
	农村生活污染控制	分散式污水处理装置、旱厕改造、生活垃圾发酵池、垃圾集运、垃圾集中式堆肥等
	畜禽养殖污染控制	厌氧还田、堆肥还田、发酵床、生态养殖业等

7.1.4　地表水资源保护措施

（1）大力发展循环经济和清洁生产，减少污染物排放

实行产业结构和企业技术改造，大力推行清洁生产工业，从生产各环节减少污染物排放量。全面推进循环经济，形成节约型工业发展体系，全面实现工业生产的源头控制、过程控制和总量控制，实现工业企业节能、节水、节地的可持续生产方式。加快污水处理设施配套收集管网改造和建设工程，提高污水管网覆盖率。重点实施城区污水处理厂配套管网建设项目及雨污分流工程；同时大力推进农村生活污水处理设施和收集管网建设工程，确保工业集中区、集镇、居民小区污水管网全覆盖，不断提高污水收集率和处理率，加强乡镇污水处理设施的运行管理，做到实时高质高效运行，提高其正常运行率。结合污水处理厂提标改造工程，推进尾水再生利用设施建设和达标尾水综合利用工程，鼓励工业生产、园林绿化、道路保洁、车辆冲洗等项目积极使用再生水。

（2）强化污染源治理

治理点源污染：推进生活污染源治理，在新建小区试点推行基于"源分离"等技术的生活污水处理模式。推进工业污染源治理，加强化工等重污染行业的治理，严格环保准入和废污

水达标排放，建立负面清单。推进畜禽养殖场污染源治理，促进标准化、规模化、生态化养殖。治理面源污染：开展水土污染联合防控，大力发展绿色生态农业。结合高标准农田建设，推广秸秆深翻还田，全面实施测土配方施肥、农作物病虫无害化防治、水肥一体、精准施药等技术，广泛使用复合肥、有机肥、农家肥和低残留农药，利用现有沟、塘，配置水生植物群落、格栅和透水坝，建设生态沟渠、污水净化塘、地表径流集蓄池等设施，净化农田排水及地表径流，打造清洁灌区。治理河库内源污染：采用河道清淤、生态护坡、补水换水、种植挺水植物、建设生物浮床等措施，配合增殖放流等修复技术，降低水体富营养化程度。加强水上交通污染治理，推进船舶环保标准改造，提高内河危险化学品运输船舶安全和防污染技术标准，健全港口船舶、码头的污水、垃圾处理设施等。

(3) 完善污水处理设施

完善污水处理厂网设施：一是加快城镇污水处理厂网设施建设与改造。按照“控源治污、引流入厂”的原则，采取集中与分散相结合的方式，推行低能耗、资源化新型污水处理技术，新建、扩建、改造提升城镇污水处理厂，完善配套管网，结合湿地净化和增加水体流动性等措施，逐步改善水环境。二是推进农村污水处理设施建设。以县区为单元，实行农村污水处理统一规划、统一建设、统一管理，对于城镇附近的农村污水，统一纳入城镇污水集中处理系统，分散或偏远农村地区因地制宜建设集中式、分散式村级污水处理及污水管网。推进雨污合流制片区改造：结合城市片区改造和基础设施建设，遵循干管与支管同步实施、整体发挥效益的原则，采取雨污分流、截流等措施，对合流制片区进行改造，消除雨污混接、串接现象。加强入河排污口门治理：合理划定入河排污口禁止设置水域、严格限制水域、一般限制水域。实施入河排污口的规范化管理，定期开展入河排污口排查，采取直接封堵、雨污分流、排污口合并、异地迁建等措施，治理排污口门。推进初期雨水治理：结合海绵城市建设、雨污合流制片区改造、污水处理厂提标升级，加强初期雨水治理，减少入河污染量。到 2035 年，城市建成区初步建成初期雨水治理体系。

7.2 地下水资源保护

7.2.1 地下水功能区划分

根据《全国地下水功能区划分技术大纲》要求，地下水功能区按两级进行划分。地下水一级功能区划分为开发区、保护区、保留区 3 类，主要协调经济社会发展用水和生态与环境保护的关系，体现国家对地下水资源合理开发利用和保护的总体部署。在地下水一级功能区的框架内，根据地下水资源的主导功能，再划分为 8 类地下水二级功能区。其中，开发区划分为集中式供水水源区和分散式开发利用区；保护区划分为生态脆弱区、地质灾害易发区和地下水水源涵养区；保留区划分为不宜开采区、储备区和应急水源区。地下水二级功能区主要协调地区之间、用水部门之间和不同地下水功能之间的关系。

根据江苏省水利厅地下水功能区统一划分成果，连云港市地下水一级功能区 2 个，分别为开发区和保护区；地下水二级功能区 7 个，其中集中式供水水源区 3 个，分散式开发利用区 1 个，地下水水源涵养区 2 个，地质灾害易发区 1 个。详见表 7-3 和图 7-1。

表 7-3　连云港市地下水功能区划分成果汇总表

序号	地下水一级功能区	地下水二级功能区	地下水功能区名称	地下水类型	面积/km²	矿化度/(g/L)	是否超采
Ⅰ	开发区	集中式供水水源区	淮河区沂沭泗河连云港市灌南县集中式供水水源区	孔隙水	96.66	<1	未超采区
Ⅱ	开发区	集中式供水水源区	淮河区沂沭泗河连云港市灌云-灌南集中式供水水源区	孔隙水	1 706.13	<1	未超采区
Ⅲ	开发区	分散式开发利用区	淮河区沂沭泗河连云港市分散式开发利用区	孔隙水	2271.15	<1	未超采区
Ⅳ	开发区	集中式供水水源区	淮河区沂沭泗河连云港市赣榆区集中式供水水源区	孔隙水	22.15	<1	未超采区
Ⅴ	保护区	地下水水源涵养区	淮河区沂沭泗河连云港市灌云-灌南地下水水源涵养区	孔隙水	596.67	<1	超采区
Ⅵ	保护区	地下水水源涵养区	淮河区沂沭泗河连云港市地下水水源涵养区	裂隙水	2 644.62	<1	未超采区
Ⅻ	保护区	地质灾害易发区	淮河区沂沭泗河连云港市赣榆区地质环境问题易发区	孔隙水	32.22	<1	未超采区

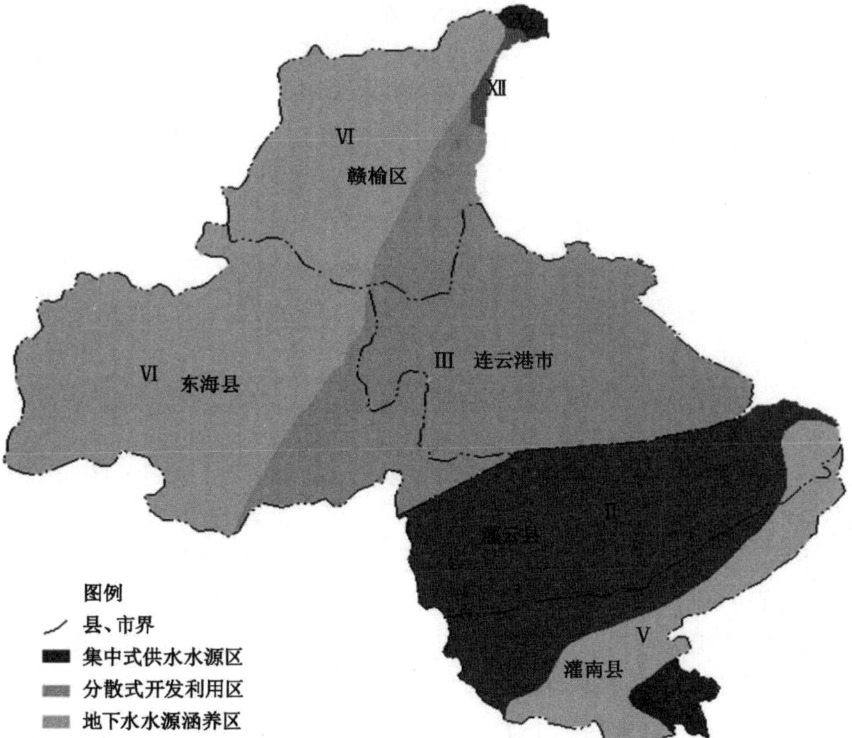

图 7-1　连云港市地下水功能区划分示意图

地下水各规划分区保护目标为：

(1) 地下水水源涵养区保护目标

① 水量目标:仅在枯水年份或者特枯水年份开采配置浅层地下水。

② 水位目标:保持合理地下水水位,维持河道生态功能。

③ 水质目标:不低于现状水质。

(2) 集中式供水水源区保护目标

① 水量目标:地下水年均开采量不大于可开采量。

② 水位目标:地下水开采不造成地下水水位持续下降,不得引起水生态环境及地质灾害等问题。

③ 水质目标:具有生活供水功能的集中式供水水源区,水质目标不低于《地下水质量标准》(GB/T 14848—2017)中Ⅲ类水的标准值。现状水质优于Ⅲ类水时,以现状水质作为管理目标;其他供水功能的集中式供水水源区,以现状水质为管理目标。

(3) 分散式开发利用区保护目标

① 水量目标:地下水年均开采量不大于可开采量。

② 水位目标:地下水开采不造成地下水水位持续下降,不引起生态系统退化,不诱发环境地质灾害。

③ 质目标:具有生活供水功能的功能区,水质目标不低于国家标准《地下水质量标准》(GB/T 14848—2017)中Ⅲ类水的标准值。现状水质优于Ⅲ类水时,以现状水质作为管理目标;工业供水功能的区域,水质目标不低于《地下水质量标准》(GB/T 14848—2017)中Ⅳ类水的标准值。现状水质优于Ⅳ类水时,以现状水质作为管理目标;地下水仅用作农田灌溉的区域,现状水质或经治理后的水质要符合农田灌溉有关水质标准,现状水质优于农田灌溉有关水质标准时,以现状水质作为管理目标。

(4) 质灾害易发区

① 量目标:地下水年均开采量不大于可开采量。

② 位目标:以能够有效防止海水倒灌为原则。

③ 质目标:以现状水质作为管理目标。

7.2.2 地下水保护目标

7.2.2.1 地下水开采总量控制

按照地下水保护与可持续利用的要求,统筹考虑、综合平衡各规划分区地下水可开采量和天然水质状况、区域经济社会发展对地下水开发与保护的需求、生态环境保护的要求等,以实现分区地下水采补平衡和可持续利用为目标,以流域、区域以及地下水规划分区为控制单元,合理确定地下水开采总量控制方案。

地下水开采总量控制首先低于各地区地下水允许开采量,其次应符合最严格的水资源管理制度中规定的地下水控制开采量,详见表 7-4。

根据水资源配置成果,从加强地下水管理和当地水资源的实际情况两个方面综合考虑,除生产用水必须为深层地下水的企业之外,规划可供水量在规划水平年将不计入深层地下水可开采量。至规划期末(2030 年),地下水开发利用总量控制在 1 260 万 m^3 以下。

表 7-4　连云港市分区地下水开发利用总量控制表

行政区	2020 年总量/万 m^3
灌南县	392
灌云县	383
市区	100
东海县	100
赣榆区	285
合计	1 260

7.2.2.2　地下水水位控制

《省政府关于实行最严格水资源管理制度的实施意见》(苏政发〔2012〕27 号)明确指出，省水行政主管部门要在控制取水总量基础上，全面实施地下水位控制，加强地下水动态监测，高于限采水位的区域，按照规划实行科学有序开采；对已经接近或者达到限采水位的区域，严格控制新凿井和地下水开采量；对已经低于禁采水位的区域，禁止新凿井，并由当地政府组织实施综合治理，压缩地下水开采量，直至地下水位恢复。

一般区域地下水水位控制主要通过合理确定地下水位埋深控制值，对已形成的地下水超采区主要通过划分地下水位红线值来控制。

(1) 地下水功能区水位保护目标

从地下水环境生态保护角度对地下水水位的要求，根据全市地下水监测站的系列水位资料和降雨量资料分析确定一般区域各地下水功能区的水位保护目标，淮河区沂沭泗河连云港市灌云-灌南集中式供水水源区、灌南县集中式供水水源区以开采深层承压水为主，考虑到区域供水条件，2030 年水位保护目标以现状年地下水水位埋深值作为控制目标；淮河区沂沭泗河连云港市赣榆区集中式供水水源区、淮河区沂沭泗河连云港市赣榆区地质环境问题易发区均临近沿海，地下水水位埋深控制目标以能够有效防止海水倒灌为原则，水位保护目标以该区域多年平均潮水位值作为控制目标；淮河区沂沭泗河连云港市分散式开发利用区地下水位保护目标以多年平均水位埋深值作为控制目标；淮河区沂沭泗河连云港市地下水水源涵养区 2030 年水位保护目标以不低于多年水位埋深平均值作为控制目标。详见表 7-5。

表 7-5　连云港市地下水功能区地下水水位埋深控制目标

序号	地下水功能区名称	地下水水位埋深目标(2030 年)/m
Ⅰ	淮河区沂沭泗河连云港市灌南县集中式供水水源区	20.0
Ⅱ	淮河区沂沭泗河连云港市灌云-灌南集中式供水水源区	20.0
Ⅲ	淮河区沂沭泗河连云港市分散式开发利用区	5.0
Ⅳ	淮河区沂沭泗河连云港市赣榆区集中式供水水源区	3.0
Ⅵ	淮河区沂沭泗河连云港市地下水水源涵养区	30.0
Ⅻ	淮河区沂沭泗河连云港市赣榆区地质环境问题易发区	3.0

(2) 采区地下水水位控制目标

以《省政府关于实行最严格水资源管理制度的实施意见》(苏政发〔2012〕27 号)确定的地下水禁采水位埋深为地下水水位控制红线。为保证一般情况下不突破地下水水位红线，在地下水水位达到红线水位前，设置限采水位埋深对地下水水位进行预警。

根据《江苏省地下水超采区划分方案》，第Ⅱ承压水限采水位埋深控制为 20 m，第Ⅲ承压水限采水位埋深控制为 30 m，对第Ⅱ、Ⅲ承压混合开采的徐宿连地区，限采水位埋深控制为 25 m。对第Ⅱ、Ⅲ承压混合开采的连云港地区，禁采水位埋深控制为 43 m。详见表 7-6。

表 7-6　连云港市地下水超采区水位红线控制指标表　　单位：m

序号	县域	分布范围	主要目标层	限采水位埋深	禁采水位埋深
1	灌云县	燕尾港	第Ⅱ＋Ⅲ承压	25	43
2	灌南县	新安、李集、新集、三口、长茂、田楼、五队、堆沟港等	第Ⅱ＋Ⅲ承压	25 m	43 m

7.2.2.3　地下水水质保护

根据地下水各规划分区水质保护目标，结合目前地下水功能区的水质现状及其功能要求，提出地下水水质保护的总体方案。对实际水质状况好于其功能标准要求的区域，要按照高标准要求继续予以保持。

(1) 地下水功能区水质保护目标

根据连云港市地下水各功能区监测井水质监测成果和历史系列资料，确定各地下水功能区主开采层水质控制目标，见表 7-7。

表 7-7　连云港市各地下水功能区主开采层水质控制目标

序号	地下水功能区名称	地下水水质目标	
		2025 年	2030 年
Ⅰ	淮河区沂沭泗河连云港市灌南县集中式供水水源区	Ⅲ	Ⅲ
Ⅱ	淮河区沂沭泗河连云港市灌云-灌南集中式供水水源区	Ⅲ	Ⅲ
Ⅲ	淮河区沂沭泗河连云港市分散式开发利用区	Ⅲ	Ⅲ
Ⅳ	淮河区沂沭泗河连云港市赣榆区集中式供水水源区	Ⅲ	Ⅲ
Ⅴ	淮河区沂沭泗河连云港市灌云-灌南地下水水源涵养区	Ⅲ	Ⅲ
Ⅵ	淮河区沂沭泗河连云港市地下水水源涵养区	Ⅲ	Ⅲ
Ⅻ	淮河区沂沭泗河连云港市赣榆区地质环境问题易发区	Ⅳ	Ⅳ

① 一级保护区防治措施。

一级保护区位于开采井的周围，其作用是保证集水有一定的滞后时间，以防止一般病原菌的污染，综合国内外一级保护区经验，综合考虑设立在取水建筑物半径 50 m 范围内。在国外的水源地保护区管理措施中，一级保护区原则上只允许取水，任何与取水无关的建设都应搬迁。结合我国国情，大范围内的建筑拆迁、企业搬迁和生产类型调整，经济成本巨大，因此可采取建设排污处理设施等措施来补救。

一级保护区应对点源和面源污染采取相应措施，尽可能消减保护区范围内的点源排放口、释放点对地下水水源地的污染危害。禁止新建和扩建工厂，已有工厂时必须达标排放，高污染企业必须搬迁；严禁建设油库、加油站、天然气站和化学原料储存点，严禁建设火电厂、核电厂，严禁建设核废料、化工废料、医学废料、生活垃圾以及其他固体废弃物埋放点。对已有的上述厂矿企业或埋放点，要求限期搬迁至远离保护区的范围，并对原址的土壤层进行污染评估，对已污染的土壤采取治理措施，防止继续污染地下水。

② 二级保护区防治措施。

二级保护区范围为开采井周边 500 m。在二级保护区内，控制新开凿水井，严格控制开山采石、开采岩溶水和矿井直接排放岩溶水。不得建设高耗水、高污染的工程项目。限制新建和扩建工厂，禁止高污染企业建设；允许建设油库、加油站、天然气站和化学原料储存点，但是必须采取相应的防护措施；限制建设火电厂；禁止建设核电厂；严禁建设核废料、化工废料、医学废料、生活垃圾以及其他固体废弃物埋放点，对已有的埋放点，要求限期搬迁至远离保护区范围，并对原址的土壤层进行污染评估，对已污染的土壤采取治理措施，防止继续污染地下水。

③ 准保护区防治措施。

准保护区位于二级保护区以外，是水源取得主要补给区和径流区。准保护区的设立时保证水源区补给的水量和水质。连云港市的准保护区一般在丘陵山区，主要的污染为面源污染。

对于准保护区内的耕地，应大力推广平衡施肥技术，鼓励使用农家肥，限制对农田进行污水灌溉。限制农药使用量，采用大棚种植方式应将地膜在土壤中的残留率控制在 30%以内。对禽畜养殖场，应鼓励采用生态养殖方式，使禽畜粪便无害化资源化。加强生态清洁小流域建设，推广农村生活污水分散处理技术，做好各类管道的防渗处理，避免泄露。

7.2.3　地下水保护措施

7.2.3.1　工程措施

(1) 替代水源工程

① 南水北调东线工程。

江淮水是连云港市重要水源之一，由洪泽湖送水。调引江淮水第一条路线（主要路线）为洪泽湖—淮沭河—淮沭新河，经吴场水利枢纽进入连云港市，正常情况下向连云港市东海和连云港市区送水 50 m^3/s；第二条路线为洪泽湖—淮沭河—新沂河，由新沂河南偏泓进入连云港市灌南县和灌云县，其中可由淮沭河钱集闸进入北六塘河后送入灌南县；第三条路线为洪泽湖—盐河，进入连云港市灌南县。

② 江水东引工程。

通榆河南起南通市九圩港，北至连云港市赣榆区，工程分为南、中、北三段，南段利用通扬运河调引长江水，中段从海安市至响水县以供水为主、结合航运，北段自响水县向北经灌河通盐河至连云港市。通榆河作为连云港市第二水源，在通榆河常态供水时，设计进入连云港市的流量为 50 m^3/s，其中灌云县、灌南县用水为 20 m^3/s。

③ 本地水资源。

连云港市多年平均值保证率下年降水量为 891.9 mm，地表径流深为 264.9 mm，地表水资源量为 19.78 亿 m^3，地下水资源量为 6.36 亿 m^3。

④ 外来水及上游回归水。

连云港市地处淮河流域沂沭泗下游，承接上游 8 万多平方千米的外来水，水量丰沛，同时连云港市灌南县还汇集上游宿迁市大量的灌溉回归水，连云港市灌云县汇集上游沭阳县部分灌溉回归水。

⑤ 自来水供水工程。

据 2019 年资料分析，连云港市日取水规模超过 1 万m^3/d的自来水厂共计 16 座，灌南县 3 座、灌云县 3 座、主城区 4 座，东海县 2 座，赣榆区 4 座。连云港市县城以上城镇自来水厂综合生产能力为 124 万 m^3/d。

连云港市县城以上自来水供水工程中，以江淮水为水源地的有灌南县、灌云县、主城区、东海县，总供水规模为 106 万m^3/d，占全市供水工程总规模的 85.5%；以水库为水源地的有赣榆区，总供水规模为 18 万m^3/d，占全市供水工程总规模的 14.5%。

(2) 开采井封填工程

开采井封填工程主要针对全市的深层地下水开采井。封井方式包括永久封填、封存备用(作为应急水源井)。永久封填井和封存备用井均是对地表水自来水管网已到达地区，对其中水质符合饮用水要求且地表水源单一的，以封存为主，作为应急水源井。

(3) 地下水回灌试验工程

连云港市燕尾港镇—堆沟镇地下水严重超采区位于沿海地区，地下水水位长期过低，易引发严重的生态环境问题。该超采区优质深层承压水埋藏深，隔水层以上地下水水文地质条件非常差，以及地下水的开发利用，造成地下水水位恢复较为缓慢，随着地下水开采控制的实施，燕尾港镇—堆沟镇地下水水位近两年恢复较快。在堆沟镇化工园区连化水务有限公司地表水源地沂南小河附近，设置深层地下水回灌试验井 1 组，探索适合该区域水文地质条件的地下水回灌方式。

东海县黄川镇新沭河沿线地下水含水层岩性主要为中粗砂，埋藏深度为 5～10 m，含水层厚度为 10～20 m，富水性好，且易于开发。在主要补给区建设实验性质的回灌井 1 组，探索回灌模式和技术。

7.2.3.2 非工程措施

① 加强水资源的统一管理，建立健全地下水资源的“开”“取”“节”“用”“管”网络体系，编制地下水资源管理办法和实施细则。采用多种形式通过媒体不断进行“水法”和地下水资源开发利用与保护相关政策法规的宣传，使人们不断提高节约用水、保护水资源的意识。

② 制定、完善地下水分区管理的相关规划、法规。根据地下水功能区设定的各分区地下水目标，确定地下水保护范围。根据地下水功能区确定的治理目标，制定各保护范围落实保护措施的相关规章、法规等。严格地下水取水许可管理，限制一、二级保护区新建、改建、扩建的建设项目类型，禁止在保护区内新建高污染产业。

③ 水行政主管部门以社区、村委会为单位，对地下水开采井按统一表格登记造册，强化取水许可证的登记发放和管理，强化水资源费征收，并将水资源费切实用于地下水水资源管理与保护。

④ 加强城市节约用水管理，科学合理利用水资源，促进经济和社会可持续发展。鼓励城市节约用水的科学技术研究，推广先进技术，提高城市节约用水的科学技术水平。鼓励单位、个人投资城市污水再生利用实施建设和试用再生水，提高城市污水再生利用率。

⑤ 采用价格杠杆等多种手段，调整优化用水结构，优先保障生活供水，提倡优质地下水

用于非食品类行业的开采和使用，限制普通工业、农业灌溉开采和使用。

⑥ 强化取水建筑物的施工管理。新施工的应急供水井，对于符合饮用天然矿泉水标准，在非应急时段，在限制开采量的前提下，将这种资源优势转化为经济优势，让优水得到优用。对不符合饮用天然矿泉水标准的供水井，除特殊饮用需求外，非应急时段不宜开采。

7.2.4　地下水超采治理

根据江苏省政府公布的《江苏省地下水超采区划分方案》，连云港市地下水超采区面积为 599.1 km^2，其中一般超采区面积为 387.4 km^2，严重超采区面积为 211.7 km^2。主要超采层次为第Ⅱ、Ⅲ承压层，主要分于灌云县燕尾港及灌南县新安、李集、新集、三口、长茂、田楼、五队、堆沟港等乡镇，其中燕尾港—堆沟港为严重超采区。

(1) 严格控制地下水超采区开采规模

根据《江苏省地下水超采区划分方案》中划定的禁采和限采范围，严格执行用水审批许可，根据地下水开采总量控制目标实行总量控制和定额管理，严格限制深水孔隙承压水井的开采。

(2) 加快实施地下水超采区地表水替代水源建设

地表水替代水源是地下水超采区实施地下水压采的前提条件。加快实施地表水引调水工程，加大超采区地表水资源供应量，尤其应加快灌云、灌南两县地表水水厂建设，为地下水超采区治理与修复提供可行条件。

(3) 实施超采区地下水压采

在现阶段以地下水资源为主且无替代水源的情况下，合理配置各类水资源，地下水资源优先保障城镇农村居民生活用水。加强工业地面水厂建设，减少超采区工业用水取用地下水规模，做到严禁在超采区取用地下水用于工业生产。

在各县(市、区)地表水区域供水工程完成后，逐步对超采区实行地下水开采井封井停采，严禁取用地下水。

(4) 加强超采区蓄水工程建设

超采区蓄水工程建设就是要努力实现雨水洪水资源化，通过河道梯级闸坝、河道清淤扩容、湖泊建设将汛期的雨水洪水蓄住留下，一方面可以为农业、工业等提供水源，另一方面地表水蓄水工程可以作为地下水补给源。

(5) 实施超采区水源涵养建设工程

超采区水源涵养工程建设就是要增强地下水超采区地表水水源涵养能力，全面推进水环境生态建设，努力扩大河流、湖泊、湿地、滩涂等水源涵养工程面积，构建水生态安全保障体系。

(6) 实行严格的计划开采和考核制度

每年由省政府下达开采计划和压缩目标，由市县政府层层下达地下水开采计划，签订目标责任状，落实到每个取水单位。要进一步采取切实有效的措施，调整开采井网布局，防止新的超采区产生；据地下水压缩目标，及早规划实施地表水供水，做好水源替代和水源结构调整；要加强对地下水取水情况的监督、检查，及时定期检查取水户的用水情况，监督考核开采计划的执行。

7.3 饮用水源地保护

7.3.1 饮用水源地现状与安全评价

连云港市现有集中式饮用水源地13个，市区有4个，分别为连云港市蔷薇河蔷薇湖水源地、连云港市徐圩新区善后河水源地、徐圩新区善后河香河湖饮用水源地、连云港市沭新渠四营水源地；灌南县有3个，分别为灌南县硕项湖水源地、灌南县北六塘河李集水源地和灌南县北六塘河田楼水源地；灌云县、东海县、赣榆区各2个，分别为灌云县叮当河伊山水源地、灌云县叮当河伊云湖应急水源地、东海县沭新渠(沭新河)白塔水源地、东海县西双湖水库应急水源、赣榆区小塔山水库塔总干渠水源地以及赣榆区青口河莒城湖应急备用水源地。这些水源地承担着全市三县三区所辖乡镇及部分农村的自来水区域集中供水任务，区域供水基本实现全覆盖，全面形成了一用一备格局，并已完成达标建设任务。

根据《全国城市饮用水水源地安全状况评价技术细则》、《集中式饮用水水源地环境保护状况评估技术规范》(HJ 774—2015)(以下简称《技术规范》)、《全国重要饮用水水源地安全保障评估指南(试行)》、《地表水环境质量标准》(GB 3838—2002)(以下简称《质量标准》)、等相关方法进行评估，结合连云港实际情况，从水量安全、水质安全和达标建设三个方面对全市饮用水水源地安全状况进行评价。

7.3.1.1 水量安全评价

(1) 评价标准

根据《技术规范》对连云港市饮用水水源地水量安全状况进行评价。具体评价指标为取水量保证率(以下简称WGRi)，对于地下水饮用水水源而言，当实际取水量小于或等于设计取水量时，WGRi为100%，否则WGRi为0；对于地表水饮用水水源而言，当实际取水水位不低于设计枯水位取水量时，WGRi为100%，否则WGRi为0。

(2) 水量评估

连云港市水源地自身蓄水供应能力偏弱，水量依赖水利部门调度保障。2019年连云港市用水总量控制在29.14亿m^3以内，生活供水保证率达97%。依据《技术规范》，2019年连云港市各饮用水水源地WGRi为100%。

7.3.1.2 水质安全评估

连云港市饮用水水源地水质状况整体较好，2019年饮用水水源地水质达标率均为87.5%，部分区域仍存在风险。如连云港市境内部分供水通道内农田水利工程较多，古泊善后河流域内灌区总面积达646 km^2，覆盖了古泊善后河流域的43.9%。部分灌溉方式为自流灌溉，灌溉回归水排入供水通道，从而形成面源污染。例如，徐圩新区取水口处于善后河末端入海口附近，每年夏季期间水质、水量受上游影响较大，无法稳定达标。超标时段主要集中在夏季，超标原因与夏季农田灌溉水回流有关。

7.3.2　保护区划分及污染物总量控制

7.3.2.1　划分标准

根据《中华人民共和国水法》《中华人民共和国水污染防治法》《饮用水水源保护区污染防治管理规定》等要求，结合《全国城市饮用水水源地安全保障规划》《江苏省人民代表大会常务委员会关于加强饮用水源地保护的决定》《饮用水水源保护区划分技术规范》(HJ 338—2018)，对饮用水源地按照不同水域特点和防护要求，划定部分水域、陆域为饮用水水源保护区和饮用水水源准保护区。

饮用水水源保护区包括一级保护区、二级保护区以及准保护区。饮用水水源一级保护区、二级保护区和准保护区范围如下：

(1) 河道：取水口上游不小于1 000 m至下游不小于100 m，河道两侧以堤为界，无堤河道与水域边界距离不小于50 m，但是不超过流域分水岭，通航河道除去航道范围，为一级保护区；一级保护区以外上溯不小于2 000 m、下延不小于200 m，陆域纵深不小于1 000 m，但不超过流域分水岭范围。对于流域小于100 km^2 的小型流域，整个集水范围水域和陆域为二级保护区；二级保护区以外上溯2 km、下延1 km范围内的水域和陆域为准保护区。

(2) 大型水库：以取水口为中心，半径500 m范围为一级保护区；一级保护区以外，外延1 000 m范围为二级保护区；二级保护区以外，外延1 000 m范围为准保护区。

(3) 中型水库：取水口半径300 m范围内的水域范围和取水口侧正常水位线以上200 m范围内的陆域为一级保护区，一级保护区边界外的水域面积设定为二级保护区；平原型中型水库的二级保护区陆域范围是正常水位线以上(一级保护区以外)，水平距离2 000 m区域；山区型中型水库二级保护区的范围为水库周边山脊线以内(一级保护区以外)及入库河流上溯3 000 m的汇水区域。

(4) 小型水库：整个水域为一级保护区，集水区域为二级保护区。

7.3.2.2　饮用水源地情况

(1) 饮用水水源概况

连云港市处于我国沿海中部的黄海之滨、淮河流域沂沭泗水系下游，江水北调供水的最末端，全市现有集中式饮用水水源地及应急备用水源地(包括在建)水源共13个。总体来看，饮用水水源的主要来源有沭新河、新沂河及其他中小河流，除石梁河水库、小塔山水库拦截上游部分洪水可供外，其他河道入境多为过境水，区域用水主要依靠调引江淮水，上游主要河流在山东省境内。区域内水源地的水源存在上下游关系，灌云县叮当河伊山水源地的水源为叮当河，下游善后河为徐圩新区善后河水源地的水源。分区域的水源地和应急备用水源地存在同源的状况，如赣榆区的小塔山水库水源地和赣榆区青口河莒城湖水应急备用水源地水源同为青口河，海州区的连云港市沭新渠水源地和东海县沭新渠(沭新河)白塔水源地水源同为沭新渠，灌南县北六塘河李集水源地和灌南县硕项湖水源地水源同为北六塘河，灌云县叮当河伊山水源地和灌云县叮当河伊云湖应急水源地水源同为叮当河。

连云港市集中式饮用水水源地水源基本情况见表7-8。

表 7-8 连云港市集中式饮用水水源基本情况表

行政区	水源地名称	水源
东海县	东海县沭新渠(沭新河)白塔水源地	以沭新渠供水为主,沭新河供水为辅,上游淮沭河
东海县	东海县西双湖水库应急水源地	西双湖水库,上游为昌平河、跃进河
灌云县	灌云县叮当河伊山水源地	属淮河流域沂河水系,叮当河,上游新沂河南偏泓,下游善后河
灌云县	灌云县叮当河伊云湖应急水源地	叮当河上游
灌南县	灌南县北六塘河李集水源地	北六塘河,上游起始位置为淮安市淮阴区王行,下游终止位置为灌南县北六塘河闸,上游包括总六塘河以南、中运河以东、淮沭新河以西形成的三角地带
灌南县	灌南县硕项湖水源地	抽取北六塘河清洁水源至硕项湖
灌南县	灌南县通榆河田楼水源地	自通榆河抽取原水,新沂河南偏泓作为备用水源
赣榆区	赣榆区小塔山水库水源地	小塔山水库,上游山东省青口河、汪子头河、旦头河
赣榆区	赣榆区青口河莒城湖应急备用水源地	青口河、二级截洪沟
海州区	连云港市蔷薇河蔷薇湖水源地	蔷薇河,淮河流域沂沭泗河下游
海州区	连云港市沭新渠水源地	沭新渠蔷北地涵至沭新渠进水闸段,上游淮沭河
徐圩新区	徐圩新区善后河水源地	古泊善后河自身流域地表水和徐圩新区送水工程经淮沭河、新沂河南偏泓外调洪泽湖(淮水)
徐圩新区	徐圩新区应急水源地	古泊善后河自身流域地表水和徐圩新区送水工程经淮沭河、新沂河南偏泓外调洪泽湖(淮水)

(2) 饮用水水源地供水范围及布局

截至目前,连云港市绝大部分地区已实现了区域集中供水覆盖。全市区域供水入户率已达 95%,低于全省平均水平。

从市辖区来看,主要由连云港市沭新渠四营水源地(海州水厂、茅口水厂、第三水厂)、赣榆区小塔山水库水源地(连云港市清源水务有限公司城西水厂、城南水厂,连云港市赣榆民生水务有限公司塔山水厂)、徐圩新区善后河水源地(徐圩第一水厂、徐圩第二水厂)三大集中饮用水水源地供水。其中连云港市沭新渠四营水源地供水范围包括海州区全部、连云区和周边部分村镇;赣榆区小塔山水库水源地供水范围覆盖赣榆老城区、新城区、经济开发区、部分近郊镇;徐圩新区善后河水源地主要供水范围为徐圩新区,以工业用水为主。

东海县主要由东海县沭新渠(沭新河)白塔水源地(东海县自来水厂、县城城北水厂)供水,主要供给东海县城区及部分周边乡镇。

灌云县:主要由灌云县叮当河伊山水源地灌云县自来水公司胜利路水厂和凯发新泉自来水(灌云)有限公司凯发水厂供水,供水范围为灌云县城及部分乡镇。

灌南县:主要由灌南县北六塘河李集饮用水源地(灌南县硕项湖水厂)、灌南县通榆河田楼水源地(灌南县田楼水厂)两大水源地供水,区域集中供水率达 100%。其中灌南县北六塘河李集饮用水源地供水范围为灌南县城及新安镇、百禄镇、新集镇、李集镇、孟兴庄镇、汤沟镇;灌南县通榆河田楼水源地供水范围为三口镇、田楼镇、堆沟镇、张店镇及北陈集镇。

连云港市集中式饮用水水源地供水布局及范围见表 7-9。

表 7-9 连云港市集中式饮用水水源地供水布局及范围

区域		水源地	水厂	供水范围
东海县		东海县沭新渠(沭新河)白塔水源地	东海县自来水厂、县城城北水厂	东海县城区及部分周边乡镇
灌云县		灌云县叮当河伊山水源地	灌云县自来水公司胜利路水厂、凯发新泉自来水(灌云)有限公司凯发水厂	灌云县城及部分乡镇
灌南县		灌南县北六塘河李集饮用水源地	灌南县硕项湖水厂	灌南县城及新安镇、百禄镇、新集镇、李集镇、孟兴庄镇、汤沟镇
灌南县		灌南县通榆河田楼水源地	灌南县田楼水厂	三口镇、田楼镇、堆沟镇、张店镇及北陈集镇
市区	海州区、连云区	连云港市蔷薇湖水源地	海州水厂、茅口水厂、第三水厂	海州区全部、连云区和周边部分村镇
市区	海州区、连云区	连云港市沭新渠水源地	海州水厂、茅口水厂、第三水厂	海州区全部、连云区和周边部分村镇
市区	徐圩新区	徐圩新区善后河水源地	徐圩新区自来水厂	徐圩新区
市区	赣榆区	赣榆区小塔山水库水源地	连云港市青源水务有限公司城西水厂、城南水厂、连云港市赣榆民生水务有限公司塔山水厂、莒城湖水厂	赣榆老城区、新城区、经济开发区、部分近郊镇

(3) 饮用水水源保护区划分情况

为保障饮用水水源地安全,根据有关法律法规,江苏省对核准的饮用水水源地划定饮用水水源一级保护区、二级保护区和准保护区,并按相关法律法规要求加以严格保护。自2009年以来,连云港市在用的10个饮用水日常和应急备用水源地保护区划分方案先后获得江苏省人民政府批复,全市饮用水水源地、应急备用水源地保护区范围已划分明确并全部设立界标标志。目前在建的3个应急备用水源地中,赣榆区莒城湖备用水源地、灌云县叮当河伊云湖应急水源地已完成保护区划分及批复,徐圩新区应急备用水源地正在推进。饮用水水源保护区划分情况见表7-10。

7.3.3 饮用水源地规划布局

根据《连云港市饮用水水源地安全保障规划(2019—2025年)》,至远期规划水平年(2025年)目标,全市集中式饮用水水源地得到全面保护,饮用水水源地水质全面稳定达标,应急备用水源地全面建成,应急储备能力显著提升。至2025年,饮用水水源地安全保障合格率达100%,全市集中供水率达95%,各县(区)全部实现“双源供水”和自来水深度处理全覆盖。

(1) 总体思路

统筹规划各区、县饮用水水源地数量类型、上游水源来源、供水服务范围及其配套供水设施建设,强化集中供水,平衡水源地开发与保护关系,按照“空间合理、常备兼顾、多源互补、区县协同、安全可持续”的要求推进水源地安全规划建设。

表 7-10　连云港市在用饮用水水源地保护区划分情况

水源地名称	划定批复文件文号	保护区范围		
		一级保护区范围	二级保护区范围	三级保护区范围
东海县沭新渠（沭新河）白塔水源地	苏政复〔2009〕2 号	取水口上游 1 000 m 至下游 500 m，及其岸背水坡之间的水域范围及一级保护区水域与相对应的两岸背水坡堤脚外 100 m 之间的范围	一级保护区以外上溯 2 000 m、下延 500 m 的水域范围及二级保护区水域与相对应的两岸背水坡堤脚外 100 m 之间的范围	二级保护区以外上溯 2 000 m、下延 1 000 m 的水域范围及准保护区水域与相对应的两岸背水坡堤脚外 100 m 之间的范围
东海县西双湖水库应急水源地	苏政复〔2017〕101 号	以取水口为中心，半径 500 m 范围内的水域，取水口东侧正常水位线以上至背水坡堤脚外 80 m 之间的陆域范围	一级保护区外延至水库四周大坝堤脚外 80 m 之间的水域和陆域范围	
灌云县叮当河伊山水源地	苏政复〔2018〕137 号	取水口上游 1 000 m 至下游 500 m 之间的水域范围，一级保护区水域与相对应的两岸背水坡堤脚外 100 m 之间的陆域范围	一级保护区以外上溯 2 000 m、下延 500 m 的水域范围，二级保护区水域与相对应的两岸背水坡堤脚外 100 m 之间的陆域范围	除一、二级保护区外叮当河全部水域范围（叮当涵洞至叮当北闸），准保护区水域与相对应的东岸背水坡堤脚外 100 m 之间的陆域，叮当河全线水域与西岸背水坡堤脚外 2 100 m 之间的陆域范围
灌云县叮当河伊云湖应急水源地	苏政复〔2019〕29 号	伊云湖及其沿岸背水坡堤脚之内的全部水域和陆域范围	一级保护区外延 100 m 的路域范围，其中南侧至三里沟北岸	
灌南县北六塘河李集水源地	苏政复〔2009〕2 号	水域以取水口上游 1 000 m 至下游 500 m，及其两岸背水坡之间的水域范围，陆域以与水域相对应的两岸背水坡堤脚外 100 m 之间的范围	水域以一级保护区以外上溯 2 000 m、下延 500 m 的水域范围，陆域以二级保护区水域与相对应的两岸背水坡堤脚外 100 m 之间的范围	水域以二级保护区以外上溯 2 000 m、下延 1 000 m 的范围，陆域以准保护区水域与相对应的两岸背水坡堤脚外 100 m 之间的范围

表 7-10(续)

水源地名称	划定批复文件文号	保护区范围		
		一级保护区范围	二级保护区范围	三级保护区范围
灌南县通榆河田楼水源地	苏政复〔2018〕54 号	取水口上游 1 000 m 至下游 500 m,及其两岸背水坡之间的水域范围以及保护区水域与相对应的两岸背水坡堤脚外 100 m 之间的陆域范围	一级保护区以外上溯 2 000 m、下延 500 m 之间的水域范围和二级保护区水域与相对应的两岸背水坡堤脚外 100 m 之间的陆域范围	二级保护区以外上溯 1 550 m(至灌河北堤背水坡堤脚),下延 1 430 m(至穿新沂河南堤涵洞北侧)之间的水域范围和准保护区水域与相对应的两岸背水坡堤脚外 100 m 之间的陆域范围
灌南县通榆河田楼水源地	苏政复〔2018〕54 号	取水口上游 1 000 m 至下游 500 m,及其两岸背水坡之间的水域范围以及保护区水域与相对应的两岸背水坡堤脚外 100 m 之间的陆域范围	一级保护区以外上溯 2 000 m、下延 500 m 之间的水域范围和二级保护区水域与相对应的两岸背水坡堤脚外 100 m 之间的陆域范围	二级保护区意外上溯 1 550 m(至灌河北堤背水坡堤脚),下延 1 430 m(至穿新沂河南堤涵洞北侧)之间的水域范围和准保护区水域与相对应的两岸背水坡堤脚外 100 m 之间的陆域范围
灌南县硕项湖水源地	苏政复〔2017〕101 号	硕项湖外堤脚内侧的整个水域和陆域范围	一级保护区外延 100 m 的水域和陆域范围(含西湖区独立内湖),其中东侧以 S326 路为界(包括 S326)	
赣榆区小塔山水库水源地	苏政复〔2018〕130 号	以取水口为中心,半径 500 m 的水域范围和一级保护区水域外 200 m 的陆域范围	一级保护区外延 3 000 m 的水域和陆域范围,其中西南侧以西副坝-主坝背水坡堤脚为界,南侧以一级保护区陆域外延 200 m 为界,东北侧以塔山—塔吴线—东副坝背水坡堤脚为界	二级保护区以外的整个水库水域范围和二级保护区边界外延 2 000 m 的陆域范围
连云港市蔷薇湖水源地	苏政复〔2017〕101 号	蔷薇湖深度净化区以及堤脚内的全部水域和陆域范围	一级保护区以外蔷薇湖各功能区(包括预处理区、复合湿地净化区、沉水植物区)及堤脚外 100 m 之间的水域和陆域范围,其中东侧外延至通榆河背水坡堤脚处、北侧部分区域外延至蔷薇河背水坡堤脚处	

表 7-10(续)

水源地名称	划定批复文件文号	保护区范围		
		一级保护区范围	二级保护区范围	三级保护区范围
连云港市沭新渠水源地	苏政复〔2016〕129 号	取水口上游 900 m 及其两岸背水坡之间的水域范围和一级保护区水域与对应的左堤、以及相对应的右岸背水坡堤脚外 50 m 之间的陆域范围	一级保护区以外上溯 4 100 m 的水域范围和二级保护区水域与对应的左堤,以及相对应的右岸背水坡堤脚外 50 m 之间的陆域范围	二级保护区以外上溯 2 000 m 水域范围和准保护区水域与相对应的左堤,以及相对应的右岸背水坡堤脚外 50 m 之间的陆域范围
徐圩新区善后河水源地	苏政复〔2014〕91 号	取水口上游 1 000 m 至下游 500 m,及其两岸背水坡之间的水域范围和一级保护区水域与相对应的两岸背水坡堤脚外 100 m 之间的陆域范围	一级保护区以外上溯 2 000 m、下延 500 m 的水域范围和二级保护区水域与相对应的两岸背水坡堤脚外 100 m 之间的陆域范围	二级保护区以外上溯 2 000 m、下延 1 000 m 的水域范围和准保护区水域与相对应的两岸背水坡堤脚外 100 m 之间的陆域范围

提升区域供水保障程度。全市基本实现区域集中供水，但是在供水水压、管网更新等方面仍需进一步提升，提高区域供水保障程度。

逐步提高调蓄能力。区域供水水源将逐步转向新沂河、通榆河等水质水量相对稳定的河流。市域以通榆河为骨干调水工程，市区和东海县以蔷薇河、沭新河为辅助调水工程，灌云县和灌南县以新沂河为辅助调水工程等。

规划布局潜在水源地。在上游来水充沛稳定、气候条件适宜、满足城市总体规划和生态需求的基础上，对具备饮用水源地或备用水源地供水潜在条件的水源，按照饮用水水源地建设与保护要求，对水源地进行提前规划布局，对周边保护区、产业发展和相关区域的建设、管理及风险防范进行提前安排，提高供水能力的可持续。

(2) 空间格局

围绕提高安全保障程度的目标，进一步优化饮用水水源地布局，满足饮用水增长需求，提高饮用水水源地水量、水质安全保障程度。

依托本市所在淮河流域沂沭泗水系，中远期全市饮用水源以沂沭河系为基础，重点配置在善后河、通榆河、淮沭新河等骨干输水河流及沿线小塔山、蔷薇湖、西双湖等大型湖库，在水质不能稳定达标的县(区)，建设人工净化湖提升水质，最大程度保障日常及应急水源地供水安全。依托沭新渠等相对充沛的水量和优良水质及其南水北调东线输水功能，推进实现通榆河供水工程，置换内河、地下水水源，明显提高水源水质，为饮用水水源地的水质、水量安全保障奠定基础。

(3) 规划及调整

市、县(区)人民政府应当加强日常饮用水水源地、应急备用水源地规范建设，最大限度地减少突发事件对生活供水的影响，保证日常与应急用水。规划期内，有条件的地区合理开发新的水源地，建设两个以上相对独立控制取水的饮用水源地，避免水源单一；对于饮用水水源地水质安全状况难以长期、稳定达标的区域，需要加快烧香支河等潜在备用水源整治和保护工作落实，从根本上改善水质，确保水量充足，待其达到饮用水水源利用要求时，加以规划利用；对于区内同源供水、跨区同源供水等情况的县(区)，在境内增加建设或重新选址水源稳定、水量充足、区域保护规范的日常饮用水水源地。

饮用水源结构单一的县(区)根据水系特点，加快建成应急备用水源地。至 2020 年末，连云港市区建设徐圩新区应急备用水源地，赣榆区建成青口河莒城湖应急水源地，灌云县建成叮当河伊云湖应急水源地，置换或弥补所在区域已核销水源地或现有供水能力弹性不足、备用水源供给能力缺失的局面。

结合新农村建设，实施城乡供水一体化建设，确保同水源、同管网、同水质、同服务。建立有效的生态补偿机制，持续推动上游市、县区的污染源管控及污染防治，优化调整产业布局，增强水质改善及周边地区生态修复，力争在中远期将其重新纳入应急备用水源地建设与养护范畴。

规划远期，全市境内建设的饮用水水源地及应急备用水源地在选址建设时，要在水量充沛、水质达标的基础上，充分考虑水源地达标建设标准中保护区“三个没有”的要求，选择岸线开发利用程度低、水源涵养条件好、便于保护的水体，并按照有关法律法规和技术规范的规定，在充分查勘后，划分饮用水源保护区初步方案。备用水源地需与日常饮用水水源地处于不同水系，具备相对独立控制取水的条件。不具备条件建设相对独立控制取水应急备用水源地的地区，应当与相邻县区签订应急饮用水源协议，实行供水管道联网。

7.3.4 应急备用水源地建设

目前，连云港市全市具备应急功能的应急备用水源地有6个，连云港市蔷薇河蔷薇湖水源地主要作为市区的应急备用水源地，灌南县硕项湖水源地和东海县西双湖水库应急水源地分别为灌南县和东海县的备用水源地，其中连云港市蔷薇湖水源地现阶段还兼备日常供水的作用。赣榆区青口河莒城湖应急水源地、灌云县叮当河伊云湖应急水源地和徐圩新区善后河香河湖应急水源地分别作为赣榆区、灌云县和徐圩新区的应急备用水源地。

(1) 连云港市蔷薇河蔷薇湖水源地

连云港市蔷薇河蔷薇湖水源地位于海州区锦屏镇和东海县张湾乡，南侧紧邻托山庙(南)，北侧以蔷薇河为界，西侧以汾灌高速为界，东侧以通榆河八一引河为界。地处淮河流域沂沭泗河下游，依靠调引江淮水，其功能是为工农业生产及生活提供用水，总面积为3 480亩，其中蓄水区(深度净化区)面积为1 750亩；总库容为725万 m^3，有效库容为650万 m^3，死库容为61万 m^3。

蔷薇河蔷薇湖水源地分为取水和蓄水(湖区)两部分，取水以蔷薇河水源为主水源，取水涵闸位于湖区东北侧蔷薇河处，通过明渠引水入取水泵站进水池。取水口地理坐标为：东经119°5′38.04″、北纬34°32′3.12″，供水范围为连云港市区，供水能力为40万 m^3/d，应急储备水量为650万 m^3，满足水厂连续14天应急原水供应需求。

(2) 灌南县硕项湖水源地

灌南县硕项湖水源地于2012年建成，水面面积为1 970亩，自北六塘河引水入湖调蓄净化。取水口设置于硕项湖东湖中心、距岸150 m，位于圩角庄南侧、退水闸上游约1 000 m，地理坐标为东经119°19′20.18″，北纬34°3′58.21″，取水流量为1.15 m^3/s。设计总库容为322万 m^3，调节库容为117万 m^3。该水源地利用湖区调蓄水量，具备应急备用供水能力，可应急供水10万 m^3/d、供水15～20天，满足应急水源至少达到7天供水要求。

(3) 东海县西双湖水库应急水源地

东海县西双湖水库应急水源地为东海县应急备用水源地，位于东海县县城东湖区，昌平河、跃进河下游，为中型水库，1960年建成蓄水，水位32.75 m，水库可供利用蓄水量为304万 m^3，按现状自来水厂每天最大供水量10万 m^3 计算，可供30天用水量，可满足应急水源至少达到7天供水要求。正常情况水库水质长年保持Ⅱ～Ⅲ类水标准。取水口位于东海县西双湖水库饮用水源区，取水口坐标为东经118°43′45.49″、北纬34°32′8.35″。东海县西双湖水库应急水源地一级补充水源工程为贺庄水库、昌梨水库、石安河，分别通过跃进河、昌平河、望烟一二级站补水；二级补充水源工程为石梁河水库、磨山翻水站、羽山翻水站、龙梁河、昌西闸、竹墩闸。

(4) 赣榆区青口河莒城湖应急水源地

为推进连云港市赣榆区经济社会持续、快速、健康发展，进一步提高供水安全性和可靠性，及时、有序、有效、妥善处置突发性供水事故，建设赣榆区青口河莒城湖应急水源地应对小塔山水库发生突发性水污染事件，该水源地可有效解决赣榆城区取水安全问题，保障赣榆区的用水和饮水安全。

莒城湖位于小塔山水库泄洪道青口河与二级截洪沟交汇处，为青口河中部采砂而形成的河中湖，在赣榆区当地俗称“莒城湖”。取水口位于河滨大道右岸，取水口坐标为东经119°0′46.78″，北纬34°53′2.45″。在小塔山水库发生突发性水污染事件时，启用莒城湖应急水源，为整个赣榆区供水。莒城湖应急取水规模为15万 m^3/d，，可保障水厂一期工程20天的用水需求。

（5）灌云县叮当河伊云湖应急水源地

灌云县伊云湖应急备用水源工程位于东城区人民路东段以南，东方大道以东，三里河以北。工程永久征地530.65亩，临时占地约1 000亩。工程主要内容包括湖区土方开挖、湖区水质与生态系统工程、引送水工程、退水工程等。伊云湖总库容为125.5万 m^3、正常调蓄库容为99.7万 m^3。

（6）徐圩新区善后河香河湖应急水源地

根据苏发改农经发〔2017〕128号文批复，为有效增强新区供水调蓄能力，应对善后河短期水量和水质不达标时应急供水，保证新区供水安全，同意连云港市建设徐圩新区应急备用水源工程。根据批复，规划水平年(2020年)，当善后河上游来水不足，或发生突发性水污染事件时，满足新区连续10天应急水源供应，应急水量为45万 m^3/d，连续10天供水总量为450万 m^3，原水水质满足《地表水环境质量标准》(GB 3838—2002)Ⅲ类标准。

新建应急备用水源工程由预处理区、复合湿地净化区、生态蓄水区三个功能区，预处理区占地面积约101亩，水面面积约81亩；复合湿地净化区占地面积约322亩，水面面积约281亩；生态蓄水区占地面积约1 949亩，水面面积约1 778亩；绿化、堤防道路、管理房、泵站等占地面积约290亩；总占地面积约2 986亩。徐圩新区应急备用水源工程2020年底投入使用。

连云港市应急备用水源地情况见表7-11。

表7-11　连云港市集中式饮用水水源地供水布局及范围

域	水源地	水源地类别	水厂名称	取水口位置	供水范围	供水能力/万 m^3	供水人口/万人	备注
东海县	东海县西双湖水库应急水源地	水库	东海水厂、城北水厂	西双湖中心	东海县	15	42	在用
灌云县	灌云县叮当河伊云湖应急水源地	湖泊	灌云县第二水厂和灌云县凯发新泉自来水公司凯发水厂	东方大道东侧、潮河路北侧、人民路南侧	灌云县城	20	45	在用
灌南县	灌南县硕项湖水源地	湖泊	灌南县硕项湖水厂	东湖区，离湖南岸约100 m	灌南县城、新安镇、百禄镇、新集镇、李集镇、孟兴庄镇、汤沟镇及开发区	16	41.5	在用

表 7-11(续)

域		水源地	水源地类别	水厂名称	取水口位置	供水范围	供水能力/万 m^3	供水人口/万人	备注
市区	海州区	连云港市蔷薇湖水源地	河流	海州水厂、茅口水厂、第三水厂	蔷薇湖取水泵站	连云港市区	50	88.97	兼备日常使用
	徐圩新区	徐圩新区善后河香河湖应急水源地	已建成						
	赣榆区	赣榆区青口河莒城湖应急水源地	河流	莒城湖水厂、塔山水厂	莒城湖水库东侧	赣榆城区、城西、沙河、墩尚、宋庄	18	50	在用

7.3.5 饮用水源地保护措施

7.3.5.1 工程措施

饮用水水源地保护主要包括在饮用水水源保护区建立隔离防护、污染源综合整治、生态修复与保护等综合工程体系。

(1) 隔离防护

为防止人类活动对水源保护区水量、水质造成影响，主要饮用水水源保护区应设置隔离防护设施，包括物理隔离工程(护栏、围网等)和生物隔离工程(如防护林)。其中，水源地一级保护区内有条件的应实行封闭管理，保护区边界设立明确的地理界标和明显的警示标志；取水口和取水设施周边设有明显的具有保护性功能的隔离防护设施。

加快推进连云港市各饮用水水源地物理隔离防护工程建设。加快推进集中式饮用水水源一级保护区物理隔离防护工程建设，完善一级保护区取水口上游交通道路穿越区域防撞护栏建设工作，确保缺水水质安全；完善一级保护区取水口下游段隔离防护工程，并联合公安、交通、安监等部门，对穿越饮用水水源地保护区的流动源进行有效管理，杜绝人类活动对取水口的影响。完善水源地隔离防护及警示标识。凡饮用水源地均应建设隔离防护工程，防护设施包括物理隔离工程(如护栏、围网等)和生物隔离工程(如防护林等)，原则上应沿着一级保护区的陆域边界建设。建设隔离防护工程后，在划定的水源地保护范围内，严格执行有关法律法规，禁止一切破坏水源地水质的活动。在各类保护区边界应设立警示标志，在取水口周围应建设防撞设施和警示标志。

建立危化品敏感区限行制度。严格控制运输危险化学品、危险废物及其他影响饮用水水质的物质进入水源地，必须进入者必须事先向有关部门申请，在防渗、防溢、防漏等基础设施完备的基础上方可批准通行。同步完善建设事故应急池、导流渠、调水沟渠等应急防护工程，常备水源地打捞、拦截、调水等物资设备，切实做好各项应急管理工作。

对敏感区域实施视频监控。对于日供水规模超过 10 万立方米的地表水饮用水水源地，在取水口、一级保护区及一、二级保护区内交通穿越区域设置视频监控，实现与市相关部门和水厂监控系统平台的数据共享，确保突发状况时快速应急。

规范设置水源地标志牌及隔离设施。在饮用水水源保护区设置标志牌，包括饮用水水源保护区界标、饮用水水源保护区交通警示牌和饮用水水源保护区宣传牌。标志牌设置参照《饮用水水源保护区标志技术要求》(HJ/T 433—2008)和《关于全省饮用水水源地管理与保护标志牌设置工作参考意见的通知》(苏水资函〔2019〕8 号)规定，统一类型、统一位置、统一内容。

(2) 污染源综合整治

污染源综合整治是指对保护区内现有点源、面源、内源、线源等各类污染源采取综合治理措施，包括对直接进入保护区的污染源采取分流、截污等工程措施，防止污染物直接进入水源地水体。

① 点源污染综合整治工程

饮用水水源保护区点污染源治理包括工业和生活污染点源治理、保护区内人口搬迁、集中式禽畜养殖控制等治理工程。

② 面源污染控制工程

对于饮用水水源保护区陆域范围内主要为农业利用类型区域，采取农田氮磷流失生态拦截工程；对于与饮用水水源地相连通的农村河道，采取农村河道综合治理工程。

③ 内源污染控制工程

内源污染主要是指水下沉积物的污染释放、水产养殖、流动污染线源等三部分。

(3) 生态保护与修复工程

生态修复保护是指通过采取生物和生态工程技术，对湖库型饮用水水源保护区的湖库周边湿地、环库岸生态和植被进行修复和保护，营造水源地良性生态系统。对于重要的湖库型饮用水水源保护区，在采取隔离防护及综合整治工程方案的基础上，有针对性地在主要入湖库支流、湖库周边及湖库内建设生态保护与修复工程，通过生物净化作用改善入湖库支流水质和湖库水质。

饮用水源地保护工程措施见表 7-12。

表 7-12　饮用水源地保护工程措施

工程分类	工程名称	具体措施
隔离防护	物理隔离工程	护栏、围网
	生物隔离工程	防护林、草地
	警示工程	界标、警示牌
污染源综合整治	内源治理工程	污染底泥释放、水产养殖、流动污染线源治理
	面源控制工程	农田氮磷流失生态拦截工程、农村河道综合治理工程
	点源整治工程	工业和生活污染点源治理、保护区内人口搬迁、集中式禽畜养殖控制等治理工程

表 7-12(续)

工程分类	工程名称	具体措施
生态保护与修复	支流生态修复与保护工程	前置库工程、生态净化
	河库岸带生态修复工程	河库岸生态防护工程、生态廊道、生态缓冲带
	河库生态修复与保护工程	人工湿地、生态护坡、水源涵养林、湖滨带生态保护与修复工程、湖库内生态修复工程

7.3.5.2 非工程措施

在划定水源保护区后,严格按照《江苏省人大常委会关于加强饮用水源地保护的决定》的规定实施,在饮用水水源准保护区内禁止下列行为:

(1) 新建、扩建排放含持久性有机污染物和含汞、镉、铅、砷、硫、铬、氰化物等污染物的建设项目;

(2) 新建、扩建化学制浆造纸、制革、电镀、印制线路板、印染、染料、炼油、炼焦、农药、石棉、水泥、玻璃、冶炼等建设项目;

(3) 排放省人民政府公布的有机毒物控制名录中确定的污染物;

(4) 建设高尔夫球场、废物回收(加工)场和有毒有害物品仓库、堆栈,或者设置煤场、灰场、垃圾填埋场;

(5) 新建、扩建对水体污染严重的其他建设项目,或者从事法律、法规禁止的其他活动。

在饮用水水源准保护区内,改建项目应当削减排污量。

在饮用水水源二级保护区内除禁止第十条规定的行为外,禁止下列行为:

(1) 设置排污口;

(2) 从事危险化学品装卸作业或者煤炭、矿砂、水泥等散货装卸作业;

(3) 设置水上餐饮、娱乐设施(场所),从事船舶、机动车等修造、拆解作业,或者在水域内采砂、取土;

(4) 围垦河道和滩地,从事围网、网箱养殖,或者设置集中式畜禽饲养场、屠宰场;

(5) 新建、改建、扩建排放污染物的其他建设项目,或者从事法律、法规禁止的其他活动。

在饮用水水源二级保护区内从事旅游等经营活动的,应当采取措施防止污染饮用水水体。

在饮用水水源一级保护区内除禁止第十条、第十一条规定的行为外,禁止新建、改建、扩建与供水设施和保护水源无关的其他建设项目,禁止在滩地、堤坡种植农作物,禁止设置鱼罾、鱼簖或者以其他方式从事渔业捕捞,禁止停靠船舶、排筏,禁止从事旅游、游泳、垂钓或者其他可能污染饮用水水体的活动。

按照《江苏省集中式饮用水源地达标建设标准》,从水量保障、水质安全、备用水源地、水源地管理、应急预案等几个方面对水源地进行达标建设。按照"水量保证、水质达标、管理规范、运行可靠、监控到位、信息共享、应急保障"的安全保障体系的要求,进行制度建设和完善,重点落实工程建设,确保水源地建设最终达到下列目标:

① "一个保障",即保障水源地安全供水,正常情况下水源地安全供水,突发事件情况下保证应急供水。

② “两个达标”，即集中式饮用水源地水质达到国家规定的水质标准，供水保证率达97%以上。

③“三个没有”，即水源地一级保护区范围内没有与供应设施无关的设施和活动；二级保护区范围内没有排放污染物的设施或开发活动；准保护区范围内没有对水体污染严重的建设项目、设施或开发活动。

④ “四个到位”，即水源地保护机构和人员到位；警示标牌、分界牌和隔离措施到位；备用水源地和应急管理预案到位；水质在线监测和共享机制建立到位。

7.4　节水型社会建设

坚持“节水优先”。全面落实《国家节水行动方案》、《江苏省国家节水行动实施方案》及《连云港市城市节约用水管理办法》，把节水贯穿于全市经济社会发展和生产生活的全过程，通过制度节水、模式节水、机制节水、工程节水、管理节水“五个节水”措施，开展农业节水增效、工业节水减排、生活节水降损等重点节水行动，强化水资源节约集约利用。

7.4.1　节水制度建设

(1) 严格区域用水总量和强度控制制度

实行最严格的水资源管理制度，建立与实施“四个总量”控制体系，实行水资源消耗总量和强度双控行动，即为实行区域用水总量控制，严格执行地表水用水总量、地下水开采总量、水功能区纳污总量和取水户取水总量等“四个总量”控制体系。

坚持“以水定需、因水制宜、量水而行”的用水原则，通过实行严格的取水总量控制和定额管理，规范和健全取水审批及水资源项目论证制度。将用水总量控制任务分解落实到具体企业、单位，下达年度用水大户用水计划。按照先进用水定额进行考核管理。

(2) 强化用水定额和计划用水管理

严格各行业用水定额管理，强化定额使用。在水资源论证、取水许可、节水载体认定等工作中严格执行用水定额。对应纳入计划用水管理的城镇非居民用水单位严格要求。

突出抓好“火电、石油及化工、造纸、冶金、纺织、建材、食品、机械”八大主要用水行业节水管理，结合实际制定科学的用水定额并定期进行调整。对节水成效突出的用水单位可通过申报节水型载体、节水技改示范项目落实相应优惠政策或奖励，对超计划用水的单位则给予通报批评并对超额部分加价收费。

(3) 实行非居民用水超计划累进加价和水平衡测试制度

全面落实差别化污水处理收费和居民用水阶梯水价政策，严格执行非居民用水超定额超计划累进加价政策，对于高耗水服务业用水执行特种用水价格，进一步拉大特种用水与非居民用水的差价。推广阶梯水价和基本水价收入之间的价差一次征收、归口管理、分别使用政策，推广加价收费归口政府节水行业管理的模式，为节水工作的技术改造、项目投入、进一步推进节水工作提供资金保证。深入推进农业水价综合改革，落实超定额累进加价制度，建立健全与农民承受能力、节水成效、地方财力相匹配的农业用水精准补贴机制和节水奖励机制。

强制对重点用水单位和特殊行业用水户定期组织开展水平衡测试，全市年用水量 5 万

m^3 以上用水企业的水平衡测试工作的正常开展和长效督查，水平衡测试中发现存在问题的，重点用水单位应当及时予以整改。

(4) 规范用水审计和用水统计调查制度

建立市、县(区)二级重点监控用水单位名录，制定管理和考核办法，加强对重点用水单位的管理。创新重点用水单位监管方式，强制对重点用水单位和特殊行业用水户定期组织用水审计，全市年用水量 5 万 m^3 以上用水企业的水平衡测试工作的正常开展和长效督查，加强计划用水管理和考核，自来水下游用水单位 2020 年严格按照《江苏省节约用水条例》、《连云港市节约用水管理办法》《连云港市城市节约用水管理办法》进行水利、住建部门联合下达计划用水和实现计划用水的全覆盖。及时掌握重点用水单位取用水和用水效率动态变化情况。用水审计和水平衡测试中发现存在问题的，重点用水单位应当及时予以整改。到 2022 年，将年用水量 40 万 m^3 以上的工业和服务业用水单位全部纳入市级重点监控用水单位名录，重点监控用水户在线监控率达 100%。

完善用水节水统计标准和办法，规范用水节水统计内容，建立完整、规范的原始记录和统计台账，健全用水年报制度，定期对纳入统计范畴的用水户进行节水效果评估。规模以上企业、城镇供水单位、万亩以上灌区要建立用水档案并实施用水节水统计。市水行政主管部门应当会同供水行政主管部门、统计机构及相关部门建立节约用水统计调查制度，确立用水统计指标体系，规范统计方法，保证用水单位用水量、节水指标等统计数据客观真实。

(5) 推进计量用水管理和节水“三同时”工作

推进取用水计量统计，提高农业灌溉、工业和城镇用水计量率。完善农业用水计量设施，配备工业及服务业取用水计量器具，全面实施城镇“一户一表”改造。建立节水统计调查和基层用水统计管理制度，加强对农业、工业、生活、生态环境补水四类用水户涉水信息管理。对全市规模以上工业企业用水量进行监测。市区基本实现抄表到户全覆盖，全市大型和重点中型灌区实现取水计量。建设项目与节水工程实现“三同时”。

(6) 完善水价机制，深化水价改革

健全水价形成机制，建立完善分类定价、差别水价、阶梯水价等水价机制，促进和引导全社会节约用水。

制定合理的水价，以价格杠杆促进节约用水和水资源的优化配置。实行累进水价、新水新价；合理地分配收益，要使从水源建设、输配水、节水、污染防治各个环节都能够获得一定的收益或补偿；以回收成本为原则，各类用水实行不同水价；水费中包括排污费，有利于废水处理和回用；实行分段递增收费制度。

7.4.2 节水载体建设

各用水单位是节水工作的主体和第一责任人，要积极开展节水型企业、单位、学校、社区、灌区等载体创建，不断提高用水效率和用水水平。各级水行政主管部门要会同住房城乡建设主管部门等相关部门组织制定节水型载体建设标准，以政府机关、企事业单位、学校、医院、社区、灌区等为重点，全面推进节水载体创建，不断提高各类节水型载体覆盖率，树立节水标杆，发挥节水示范作用。到 2025 年，建成一批高质量的节水型载体。

(1) 以宾馆饭店、高校、机关、医院、科研单位、小区、家庭为重点创建“节水型小单元”。建立公共节水设施改造项目。

(2) 沐浴业(营业面积≥800 m^2),社区和寄宿制学校 80%建设成节水单位,4 星级宾馆、机构和医院(病床数>200)全部建成节水型单位。

(3) 根据《连云港市公共机构创建节水型单位实施细则》,每年组织开展创建省、市、县级节水型单位,加强县级以上党政机关、事业单位和其他大生活用水单位的节水创建。

节水型企业建成率:重点用水行业节水型企业数量与重点用水行业企业总数的比值≥40%;公共机构节水型单位建成率:公共机构节水型单位数量与公共机构总数的比值≥50%;节水型居民小区建成率:节水型居民小区数量与居民小区总数的比值≥15%。

积极开展创建节水型社区、节水型学校、节水型公共机构、节水型企业(单位)、节水型工业园区、节水型教育基地等。

创建省级、市级节水型企业、学校、公共机构、社区、单位、工业园区、节水教育基地等。

7.4.3　加大节水宣传

开展节水宣传教育活动,经常性开展节水公益宣传活动,普及水情知识和节水知识,公众具有明显的节水意识,通过电话、网络等方式进行公众节水意识调查。充分利用各类媒体,大力宣传节水和洁水观念,普及节水知识和技能。将节约用水教育纳入国民教育体系和中小学、高校教育教学内容,列入各级党校、行政学院干部培训内容,提高各级领导干部、社会公众和学生对节约用水的认识。开展节水型社区、学校、家庭等群众性创建活动,鼓励购买使用节水产品。加快节水教育基地建设,依托节水教育基地,开展节水社会实践活动,加强水情和节水宣传教育。推进节水示范点的建设,充分利用公共场所建设节水示范点,向广大群众宣传提高其提高节水意识,支持节水工作。

7.4.4　强化节水监督

建立健全用水节水信息公开制度,及时发布本行政区域节约用水相关规划、用水状况、节水指标等用水信息。建立和完善社会公众的监督机制,完善公众参与制度,构建全民参与的行动体系。新闻媒体应当开展节约用水的公益宣传和舆论监督。建立倒逼机制,将用水单位违规记录纳入全市统一的信用信息共享平台,对违规用水实行联合惩戒。健全举报制度,充分发挥各级节水监督电话和网络平台作用,鼓励曝光浪费水资源、破坏供水和节水设施、污染水环境等不良行为,邀请社会组织、公民全程参与重大节水行动和违法用水事件调查和处理。

7.5　特殊情况水资源保障方案

连云港市地处沂沭泗水系的最下游,江淮供水的最末端,是一个典型的季节型缺水城市,当遇到特殊旱情,洪泽湖无水可调、水量不足或发生重大水源污染事故、突发性工程事故,市区将面临全面断水的危险,非正常供水对人民正常生活和工农业正常生产将产生极大的影响。对未来水资源的配置研究还必须考虑到应急供水的情况,努力提高供水的安全可靠性,认真做好防范措施。

7.5.1 预防措施

（1）干旱、污染的监测和预报。结合连云港市实际情况，一是建立供水水源地的水文水质安全预警自动化监测系统。二是配置监测车，对全市的水源地和监测断面实施移动式动态监测，提高监测的时效性和合理性。三是开发水环境水质信息化管理系统，充分利用现代网络科技手段来解决水资源问题。

（2）建立抗旱、抗污决策指挥系统，组建由水利、水文、气象等有关专家组成的决策办公室，提高防灾、减灾指挥的组织和应变能力。

（3）加强资源储备。一是生态湖（应急水源）的建设。绿色生态供水湖的建设，一方面可满足景观要求，改善生态环境；另一方面，生态湖作为天然蓄水池，可调蓄水量，在特殊干旱年，可发挥它的供水功能，作为应急水源补充供水量。二是地下水的储备。在赣榆区和东海县部分地下水资源富裕区，为特殊时期的理想水源，该部分地下水将作为战略性资源进行储备。

7.5.2 应急预案

（1）特枯水年和连续枯水年

在保证满足重点行业用水要求的基础上，压缩一般行业的用水需求。要根据各部门保证率的高低，确定供水的优先顺序，有选择地供给，以保障重点部门的正常秩序和运行。如城镇和农村的生活用水、饮用水、副食品生产用水等，用水保证率在95%以上，特枯水年份按照最低需水要求对其尽可能予以保障；其次保证重要工业用水，重点工业用水保证率为95%，特枯水年份可在保证生活用水的条件下予以安排；农业用水保证率为75%，特枯水年份不予以充分保障，但可视情况提供农作物生长所需的关键水。如遇特枯水平年，在动员全市上下全面节水的基础上，实行控制性供水，优先顺序为：生活、菜田和副食品加工；重点工业用水；一般工业及生态用水；农业用水。

当遇到特殊干旱年或连续干旱年出现的时候，为保证城市供水，采取应急调度措施，确保城市生活、发电和港口用水，兼顾工业和农业用水。

现状市区供水进入应急期标志是蔷薇河水位分别为1.8 m、1.5 m和1.2 m三种情况，蔷薇河水位主要依赖于江淮水的供水量。因此，应急预案以蔷薇河水位作为控制标准，水量调度以江淮水的供水量为依据，用以最大限度保证满足市区生活及重点工业的用水保证率。

① 蔷薇河水位在1.8 m以上，根据江淮水流量（50 m^3/s、30～40 m^3/s和20～30 m^3/s）分三种情况调度：

a. 江淮水流量为50 m^3/s时，安排25 m^3/s供东海县、25 m^3/s供市区。

b. 江淮水流量为30～40 m^3/s时，安排15 m^3/s供东海县、15～25 m^3/s供市区。

c. 江淮水流量为20～30 m^3/s时，安排10 m^3/s供东海县、10～25 m^3/s供市区。

② 蔷薇河水位低于1.8 m，江淮水来水相对不足的情况下，立即关闭市郊农灌站，同时关闭东海县的房山抽水站、淮沭新河的引水闸，在确保沭新渠生活用水情况下再向蔷薇河供水，力争抬高临洪站水位至1.8 m。

③ 蔷薇河水位低于1.5 m，江淮水来水不足的情况下，调度如下：

a. 关闭市郊农灌站以及东海县所有的农业引水口门。在确保沭新渠生活用水情况下再向蔷薇河供水，力争抬高临洪站水位至 1.5 m，以保障市区电厂用水。

b. 同时限制市区一些工业用水大户的取水，实行以供定需。

④ 当蔷薇河水位继续下跌至 1.2 m 以下时，停止一切农业灌溉用水，确保自来水公司、电厂用水，其他工业用水一切停止。

a. 有条件地挤占生态环境用水需求。一旦遇到连续枯水年或特枯水年，挤占生态环境用水也可以成为应急预案中的一项紧急措施，但是前提是不造成生态环境不可逆转的破坏，或在一定时期内能够恢复。

b. 采取提高通榆河引水量，尽可能满足用水缺口。

c. 采取应急调度方案，直接调用备用水量，缓解紧急用水矛盾，主要有蔷薇湖备用水源、地下井备用水源等。

d. 当气象条件具备时，实施人工降雨。

(2) 水源地水质突变的突发事件

首先关闭水源污染地与其他控制闸(上下游)，以防污水蔓延，采用化学、生物稀释法，降低污染浓度，通过抽排冲刷尽快清除污染源。

主要启用以下新水源及备用水源：

① 启动应急备用水源直接取水，暂时缓解供水压力。

② 启用通榆河，缓解突发事件用水矛盾。

第8章 水资源规划与管理

8.1 规划思路

以习总书记提出的“节水优先、空间均衡、系统治理、两手发力”治水思路为核心，深入贯彻“山水林田湖草”生命共同体理念和“绿水青山就是金山银山”理论、践行“以水定城、以水定地、以水定人、以水定产”。围绕连云港市经济社会发展和生态环境保护的国土空间布局，针对连云港市水资源开发利用中存在的问题，进一步优化全市供水网络，提升区域水资源调配能力，加强调引江淮水、本地地表水、地下水、非常规水等水源联调联配，增强抗风险能力。

坚持“节水优先”：全面落实《国家节水行动方案》《江苏省国家节水行动实施方案》《连云港市城市节约用水管理办法》，把节水贯穿于全市经济社会发展和生产生活的全过程，通过制度节水、模式节水、机制节水、工程节水、管理节水“五个节水”措施，开展农业节水增效、工业节水减排、生活节水降损等重点节水行动，强化水资源节约集约利用。

坚持“系统治理”：全面落实《连云港市水污染防治工作方案》，巩固已有水污染防治的治理成果，以“水清河净” 为目标，紧紧围绕水功能区达标建设、污染源综合治理、污水处理设施完善等，点源、面源、内源“三源同治”，控源、截污、减排、畅流、净化“五措并举”，稳步提升水环境质量。

坚持“以人为本”：统筹规划各县、区饮用水源地数量类型、上游水源来源、供水服务范围及其配套供水设施建设，强化集中供水，平衡水源地开发与保护关系，按照“空间合理、常备兼顾、多源互补、县区协同、安全持续”的要求推进水源地安全规划建设。在区域水资源保护的基础上，调整饮用水水源地周边产业布局，划定饮用水水源地保护区，以饮用水水源地达标建设为统领，强化饮用水水源保护和从源头到水龙头的全程监管。

8.2 总体布局

根据连云港市水资源现状、开发利用水平、地区需水量分析、现有工程的供水能力和水资源优化配置结果，可以看出：连云港市东海县、赣榆区存在资源型缺水问题；各县(区)工程型缺水较为严重，存在部分水源水质超标、供水工程供水能力不足、工程配套落后以及应急备用水源不足等问题，供水水源安全形势较为严峻。

为增强连云港市的可持续发展能力，确保连云港市城市总体规划的顺利实施和战略规划目标的实现，应充分利用连云港市现有的水资源，打破行政区域的限制，优化连云港市的水资源配置，统一规划地区中长期主要供水布局，系统解决连云港市的供水问题。

充分利用现有供水工程，实施现有工程的加固、改建、扩建工作，同时规划新建蓄、引、提、调等供水工程来保障现状缺水量和远期发展对水资源的需求增加量。为使规划工程实现良好效益，工程项目安排要体现效率优先、兼顾公平的原则。在整体规划建设布局方面优先安排相对投入较少，获取可用水资源量或保护水环境程度高的工程；优先安排节水和水资源保护项目；要注重水利工程的总体效益，完善现有工程的配套工程建设，具有防洪、蓄水和保护水环境等综合功能的项目优先安排新建；项目的安排时间和投资强度要与国家、本地区和其他计划实施的相关项目相互协调。根据以上安排原则和水资源供需平衡所规划的解决方案，有效配置地区水资源，开展连云港市工程布局，并合理规划布局连云港市供水水源，进行连云港市供水水源工程建设规划。

供水工程布局以水资源综合利用和工程效益最大化为标准，与上位规划相结合，以水资源合理配置为目标，提高现有供水工程的效益和供水保证率，开发新水源，建立供水安全保障体系和应急供水工程保障措施，保障连云港市的用水安全。

8.3　主要任务

在提出连云港市水资源总体布局思路基础上，根据社会经济发展以及生态环境保护的目标与要求，在水资源节约集约利用、城乡供水安全保障、水环境治理与保护、水生态保护与修复、水资源制度与政策 4 个方面制定规划期水资源开发利用与治理保护的实施方案。

8.3.1　水资源节约集约利用

(1) 农业节水增效

种植结构调整：以“坚持绿色发展理念，以规模化、产业化、品牌化、绿色化和基础设施现代化”为重点，加强农村水利设施建设，大力发展节水灌溉，因地制宜优化调整种植结构，确保粮食安全和菜篮子安全，全面提升生态农业产品的供给能力，有条件的灌区推广管灌、微灌、喷灌。

灌区现代化改造：按照“已有灌区逐步节水、新建灌区全面节水”的要求，加快推进灌区续建配套节水和现代化改造。

养殖业节水：实施养殖场规模化、标准化建设与落实用水计量设施计划管理改造，配套建设粪便污水贮存、处理、利用设施，散养密集区污水分户收集、集中处理，推进先进适用的节水畜禽养殖方式。

(2) 工业节水减排

坚持以水定产：制定严格的工业准入政策，合理控制新增高耗水工业项目规模。建立高耗水低产能行业负面清单，严把高耗水工业的进入关。加快完善企业三级用水计量，推广智能水表，严格遵循企业取用水计划。

优化产业布局：依据工业行业淘汰落后生产工艺装备和产品指导目录、产业结构调整指导目录，加快淘汰耗水量高的落后产能，降低高耗水、高污染行业比重。在工业转型升级过程中，大力推广节水环保的新技术、新工艺。加快发展低耗水低排放高新技术产业、高端制造业。

建设节水型工业园区和节水型企业：工业园区和工业集中区，推广串联式循环用水及水网建设，提高水资源的利用效率；降低输水线路损失，提高用水效率；集中收集、处理污水，建设节水型工业园区。新建项目严格水资源论证和行政许可，落实节水方案和措施。

(3) 生活节水降损

改造供水管网：对老城区年久的供水管网进行更新改造，新城区供水管网建设采用节水标准。

推广节水器具：新建公共建筑采用节水器具，已有公共建筑限期节水改造。开展节水器具进万家行动。

深化服务业节水：在有条件的居民小区、宾馆、学校等开展再生水利用项目建设。深入推进机关事业单位、社区、医院、学校等公共机构节水载体建设。加快开展洗浴、洗车、酒店等特种行业节水技术改造。

8.3.2 城乡供水安全保障

紧紧围绕供水保障目标，以淮沭河、通榆河两大调水线路为主干，以石梁河、小塔山、安峰山三个大型水库为核心的供水安全保障格局。

(1) 供水安全保障

进一步加强江淮水调引保障：充分发挥江苏省江淮水水量丰沛、水质稳定的特点，完善调水工程线路的工程配套，进一步增大连云港市江淮水调引能力。

提升三大水库调蓄能力：石梁河、小塔山、安峰山是沂沭泗流域的重要水库，应进一步发挥三大水库的调蓄潜力，提高当地水、过境水利用比例。

新建供输水工程：在水资源匮乏的西北部地区，新建供输水工程，提高供水保证率。

鼓励使用再生水：推进再生水设施建设及利用，鼓励洗车、城市园林绿化等行业使用再生水；对于具备使用再生水条件但未充分利用的企业单位，严控其新增取水量。

加大海水利用：充分发挥连云港市沿海优势，提高化工、热电等高耗水行业海水淡化利用比例，对核电等冷却水需求量大的产业，提高海水直接利用水平。

充分发挥地下水战略储备功能：严格控制地下水的开采，加强地下水的涵养和保护，把地下水作为最可靠的战略储备水源。

(2) 饮水安全保障

调整优化供水水源：加强水量保障程度高、水质稳定达标的水源地保护，做为备选饮用水源地。

优化水源地周边产业结构：对饮用水源地周边的高耗能、污染严重、不能稳定达标排放的生产项目，进行关停；对水源地保护范围以外，但是存在影响水源地安全的重大项目要进行跟踪，确保风险可控；大力推进生态农业和清洁农业，对畜禽养殖进行空间管控。

供水通道保护：供水通道全范围管控，建设清水通道，沿线截污导流，大力整治危化品运输，确保供水水质安全。

强化从水源到水龙头的全过程监管：定期监测、评估饮用水源地、供水水厂出水和用户水龙头水质等饮水安全状况，强化从水源到水龙头的全过程监管，定期向社会公开饮用水安全状况。

提升区域供水保障程度：全市基本实现区域集中供水，但是在供水水压、管网更新等方面仍需进一步提升，提高区域供水保障程度。

8.3.3　水环境治理与保护

（1）强化水环境治理

强化国考、省考断面考核：推进国考、省考断面达标建设，进一步完善国考、省考断面管理。

严格排污口审批：按照“生活污水给出路、工业污水严管控”的要求，严格入河排污口论证、审批和管理。

（2）强化污染源治理

治理点源污染：推进生活污染源治理，在新建小区试点推行基于“源分离”等技术的生活污水处理模式。推进工业污染源治理，加强化工等重污染行业的治理，严格环保准入和废污水达标排放，建立负面清单。推进畜禽养殖场污染源治理，开展畜禽粪污资源化利用，促进标准化、规模化、生态化养殖。

治理面源污染：开展水土污染联合防控，大力发展绿色生态农业。结合高标准农田建设，推广秸秆深翻还田，全面实施测土配方施肥、农作物病虫无害化防治、水肥一体化、精准施药等技术，推进农药包装废弃物、废旧农膜回收利用，广泛使用复合肥、有机肥、农家肥和低残留农药，利用现有沟、塘配置水生植物群落、格栅和透水坝，建设生态沟渠、污水净化塘、地表径流集蓄池等设施，净化农田排水及地表径流，打造清洁灌区。

治理河库内源污染：采用河道清淤、水系连通、生态护坡、补水换水、种植挺水植物、建设生物浮床等措施，配合增殖放流等修复技术，降低水体富营养化程度。加强水上交通污染治理，推进船舶环保标准改造，提高内河危险化学品运输船舶安全和防污染技术标准，完善港口船舶、码头污水、垃圾处理设施。

（3）完善污水处理设施

完善污水处理厂网设施：一是加快城镇城污水处理厂网设施建设与改造。“控源治污、引流入厂”，采取集中与分散相结合的方式，推行低能耗、资源化新型污水处理技术，新建扩建、改造提升城镇污水处理厂，完善配套管网，结合湿地净化、增加水体流动性等措施，逐步改善水环境。二是推进农村污水处理设施建设。以县区为单元，实行农村污水处理统一规划、统一建设、统一管理，对于城镇附近的农村污水统一纳入城镇污水集中处理系统，分散或偏远农村地区因地制宜建设集中式、分散式村级污水处理设施及污水管网。

推进雨污合流制片区改造：结合城市片区改造和基础设施建设，遵循干管与支管同步实施、整体发挥效益的原则，采取雨污分流、截流等措施，对合流制片区进行改造，消除雨污混接、串接现象。

加强入河排污口门治理：划定入河排污口禁止设置水域、严格限制水域、一般限制水域。实施入河排污口的规范化管理，定期开展入河排污口排查，采取直接封堵、雨污分流、排污口合并、异地迁建等措施，治理排污口门。

推进初期雨水治理：结合海绵城市建设、雨污合流制片区改造、污水处理厂提标升级，加强初期雨水治理，减少入河污染量。到 2035 年，城市建成区初步建成初期雨水治理体系。

8.3.4 水生态保护与修复

（1）水生态保障

坚持“山水林田湖草是一个生命共同体”的发展理念，把治水与治山治林治田治湖结合起来。在西北部丘陵区，通过水土保持生态保护与建设、农村水系综合整治等，把治山与治林治田结合起来，护好“产水之源”；在水域陆域过渡带和水域区，通过河湖连通工程及生态流量保障、生态廊道建设等，把治水和治田治湖库结合起来。在空间和功能两个维度推进生态水网与国土空间的深度融合，实现以水为脉、田水相依、城水相融的水生态美丽愿景。

水土保持生态保护与建设：以自然地理单元为基础的山水林田湖草区域，以生态维护、水质维护和水源涵养等基础功能为中心，以生态清洁流域建设为重点，建立生态修复区、生态治理区、生态保护区三道防线，控制水土流失，防治面源污染。

农村水系综合整治：结合乡村振兴战略，立足改善农村水生态环境，注重集中连片、岸上岸下系统治理，着力恢复农村河湖功能、修复河道空间形态、改善河湖水生态环境，通过实施水系连通、河道清障、清淤疏浚、岸坡整治、防污控污、景观人文、水源涵养与水土保持、河湖管护等工程和非工程。打造安全、生态、美丽、人文的农村水系，建成水畅景美、人水和谐的水美乡村。

沿海滩涂生态廊道建设：以入海河流为骨干，以沿海自然保护区、珍稀动物栖息地、入海河口等为节点，开展滩涂湿地、河口湿地、河流廊道、重要水源地、防护林等生态建设。

河流生态廊道建设：以河流流域为单元，以流域生态系统健康可持续为目标，从河流的功能出发，尊重河流的自然规律，结合河流的历史文化，打造具有当地特色的河流生态廊道。

（2）地下水保护

巩固《连云港市地下水压采方案》的实施成果，将地下水作为战略储备水源，通过控制开采、联合调控、动态评估“三措并举”，保护地下水资源。

严控地下水开采量：实行严格的地下水计划开采和考核制度，落实取用水总量控制制度，落实到具体的地下水取水单位。

加快地表水替代地下水工程建设：建设超采区地表水替代地下水工程，对水质无特殊要求的做到“水到井封”，确保封填质量。

实施地下水生态评估：加强地下水动态监测，定期开展调查评价与预测预警，在实现地下水可持续利用的同时，相关水生态环境得到修复和保护。

8.3.5 水资源制度与政策

践行习近平总书记新形势、新时代“节水优先、空间均衡、系统治理、两手发力”的治水思路，促进“水利工程补短板、水利行业强监管”水利改革发展总基调，加快解决水利改革发展中出现的突出问题，打造群众满意度高，获得感、幸福感、安全感强的人水和谐环境。

（1）完善水资源保障的制度体系，促进人与自然和谐共生

落实最严格水资源管理制度：继续加强用水总量控制、用水效率控制和纳污能力控制，使水资源管理的“三条红线”得到进一步落实。逐步实现用水计量全覆盖，强化用水定额管理。

推行全民节水参与制度：一是严格落实国家节水行动方案，确保节水目标任务落实落

地。二是加强行业节水评价及用水定额制定，做好用水计划下达及监督管理。三是推进节水型社会建设。

完善水生态可持续发展保障制度：全面建立重点河湖水生态定期评估制度，加快确定重点河湖和主要控制断面的河湖生态流量，健全水污染风险预警机制，开展水土流失动态监测、水土保持生态建设项目和生产建设项目集中区监测，定期公告水土流失情况。

（2）完善现代水网建设的市场体系，激发水利发展内生动力

稳步推进水权水价水市场改革：积极稳妥推进水权改革，明确行政区域取用水权益，科学核定取用水户许可水量；建立健全水价综合改革制度，健全水价形成机制，建立完善分类定价、差别水价、阶梯水价、容量水价等水价机制，促进和引导全社会节约用水；落实国家水资源税改革任务，发挥促进水资源节约的调节作用。

积极深化投融资体制改革：积极创新水利投融资体制机制，充分发挥政府主导和市场配置作用，调动各类市场主体参与水利设施建设的积极性，鼓励和引导社会资本参与水利项目建设运营，持续深化水利供给侧结构性改革，不断提高水利供给效率和质量。

（3）打造水资源科技与人才体系，推进行业能力建设

强化水利科技创新：加强科技创新平台建设，加强水利领域重大问题科技攻关及成果推广应用，加强科技创新合作与交流，推动节水科技攻关。

健全人才培养引进机制：加强人才创新团队建设和水利科技创新人才培养，积极创新人才激励机制。建立体现水利工作特点的人才评价标准，研究制定水利人才激励机制，建立水利人才职业发展规划，拓展水利专业技术人才职业发展空间，探索以知识、技术、管理、技能等创新要素按贡献参与予以激励的机制。

提高依法治水管水水平：加强依法治水，推进水行政执法能力建设，强化水利行业监督，推动水利监督成为强监管的重要手段，逐步建立长效运行机制，在全市水利系统形成全覆盖的监督工作格局。

8.4　重点工程

（1）石梁河水库恢复兴利水位工程

2008 年新沭河治理工程完工后，沂沭泗中下游地区防洪标准提高至 50 年一遇，石梁河水库从工程安全上已具备将兴利水位恢复到 26.0 m 的基本条件，规划水库恢复蓄水至 26.0 m，约增加蓄水量 1 亿 m^3。

（2）石梁河水库向徐圩新区应急供水工程

石梁河水库向徐圩新区应急供水工程，实现徐圩新区及板桥工业园双水源供水，提高供水保证率。

（3）三洋港安全水位提升工程

研究抬高三洋港闸安全运行水位，可在三洋港闸上形成平原水库 1 座，新增兴利库容 1 200 万 m^3。可向赣榆区、连云区供水，提高区域供水保证率。

（4）东海县红石渠输水工程

疏浚红石渠，为红石渠灌区 9 万亩农田提供灌溉水源，提高灌溉保证率。

（5）赣榆区骨干输水干渠工程

对赣榆区境内骨干输水河道环岭干渠、黄青干渠、朱南干渠、子城干渠、古城翻水站送水渠、朱堵一二三级站送水渠、阚岭翻水站送水渠等渠道进行疏浚、复堤，加固、拆建、配套沿线建筑物。

(6) 灌云县第二应急备用水源工程

在灌云县叮当河饮用水源地东侧建设第二个湖区，作为灌云县第二应急备用水源，调蓄库容 120 万 m^3，配套引水涵洞、输水泵站等，保障灌云县城乡居民饮水安全。

(7) 新建龙泉、青墩水库工程

在赣榆区西北部水资源匮乏地区，新建龙泉、青墩 2 个小型水库，龙泉水库位于龙王河 204 国道上游 1 km 处，青墩水库位于青口河二级截水沟以上，两座水库增加兴利库容约 400 万 m^3，可加强赣榆区西北部供水能力，提高供水保证率。

(8) 饮用水源地保护工程

建设塘沟河、上岭河、小清河三个穿河地涵，保障叮当河饮用水源地水质；建设善后河清水廊道工程，保障善后河饮用水源地水质；北六塘河李集水源地取水口上游沟渠新建涵闸，保障北六塘河李集水源地水质；小塔山水库上游青口河、旦头河及汪子头河实施综合治理工程、沿线污水截留处理工程、人畜粪便资源化利用工程及生活污水净化处理工程。

(9) 城乡居民饮水配套工程

扩建茅口水厂（含第三水厂）三期工程，规模由近期的 20 万 m^3/d 提高至远期的 60 万 m^3/d；新建徐圩新区第二水厂工程，规模为 20 万 m^3/d；扩建赣榆区莒城湖水厂二期工程，规模由近期的 10 万 m^3/d 提高至 15 万 m^3/d。

(10) 水环境治理工程

实施龙北干渠水环境整治、通榆河清水廊道、蔷薇河清水通道、南六塘河、北六塘河清水通道等建设；实施石梁河水库岸线滩地生态修复工程；实施石梁河水库、小塔山水库、八条路水库等水库生态清淤工程，种植水源涵养林。

(11) 水系连通工程

实施赣榆区朱稽河至小塔山水库连通工程、灌南县北六塘河至老六塘河连通工程、灌云县河流水系连通工程、连云港市东部城区水系连通工程、东海县中小河流治理重点县综合整治及水系连通工程等。

(12) 县乡河道疏浚工程

推进农村水系综合整治，改善农村水系面貌和人居环境。按照“河畅、水清、岸绿、景美”要求，实施县乡河道疏浚，提升河网水系引排能力。

(13) 灌区节水改造配套工程

加快大中型灌区续建配套与提高节水改造力度，推进灌区现代化建设进程。

(14) 城市再生水利用工程

新建（改、扩）大浦、墟沟等 12 座再生水厂。

8.5 保障措施

实施连云港市水资源合理配置及高效利用，具有任务重、要求高、投入大、涉及面广等特点，需按照“完善机制、多元投入、科技先行、全民合力”的原则，多措并举，保障规划的顺利实施。

（1）完善实施机制。强化规划的实施机制，市各有关部门和各级地方政府应建立分工协作机制，进一步明确各有关部门和各级地方政府职责分工，加强规划实施的组织领导，制定实施详细计划，全面落实规划的实施。

（2）落实投入渠道。充分发挥政府在建设中的主导作用，切实增加中央和地方财政预算投入，建立政府投资稳定增长机制；改革水利投融资体制，在逐步增加财政性投入的同时，广泛吸引各类社会资金投入，形成多渠道、多层次、多元化的投入保障机制；完善水资源有偿使用制度，合理调整水资源费征收标准，综合运用财政和货币政策，引导金融机构增加水利信贷资金；广泛吸引社会资金投资水资源领域。

（3）细化评估考核。建立《规划》实施情况年度调度机制，细化《规划》实施的考核评估机制。把规划目标、重点任务、重点工程实施情况纳入各级政府领导班子和领导干部综合考核评价体系和离任审计范围，把考评结果作为干部任免、奖惩的重要依据。加强对规划执行情况的监督和检查，定期公布重点工程项目进展情况和规划目标完成情况，开展中期评估、终期考核，确保实现规划预期效果，为《连云港市国民经济和社会发展第十四个五年规划和二〇三五年远景目标纲要》的实现提供有力保障。

（4）提高科技支持。注重科技创新在水资源综合规划实施中的驱动和引领作用，加大科技创新研发力度，力争在水生态水环境综合治理、农业高效用水过程精量控制、再生水回用、海水淡化、雨污分流、海绵城市建设等关键技术研发方面取得新突破。

第9章 结 语

连云港市的水资源将得到进一步的合理开发利用，水资源开发利用程度、利用效率和利用水平逐步提高，促进节水型社会建设，提高城乡饮水安全、城镇供水安全、水生态环境安全的保障程度，降低特殊干旱情况下的供水风险，保护或改善河湖的生态环境，进一步改善水资源开发利用格局与经济社会的发展协调程度，促进经济社会的可持续发展，经济效益和社会效益等综合效益显著。有利于促进连云港市当地的生态环境保护，显著改善水生态环境质量，提高生物多样性，促进生态水系可持续发展。

附　录

附表 1

附表 1　连云港市各行政区水资源总量特征值表

分区		计算面积/km^2	统计年限	资料系列	统计参数			不同频率水资源总量/亿 m^3			
					年均值/亿 m^3	Cv	Cs/Cv	20%	50%	75%	95%
行政分区	灌南县	1 028	64	1956—2019	3.42	0.63	2	4.71	3.14	2.17	1.17
	灌云县	1 538	64	1956—2019	4.19	0.60	2	5.98	3.73	2.40	1.13
	东海县	2 037	64	1956—2019	6.37	0.49	2	8.70	5.89	4.13	2.30
	赣榆区	1 514	64	1956—2019	4.78	0.53	2	6.50	4.44	3.14	1.79
	连云区	797	64	1956—2019	2.28	0.58	2	3.12	2.11	1.48	0.83
	海州区	701	64	1956—2019	2.00	0.55	2	2.73	1.85	1.30	0.72
水资源分区	沂南区	1 028	64	1956—2019	3.42	0.63	2	4.71	3.14	2.17	1.17
	沂北区	5 074	64	1956—2019	14.84	0.53	2	20.55	13.52	9.29	4.92
	赣榆区	1 514	64	1956—2019	4.78	0.56	2	6.50	4.44	3.14	1.79
全市		7 616	64	1956—2019	23.04	0.57	2	31.76	21.15	14.61	7.87

名词注释

（1）水资源总量：当地降水形成的地表和地下产水总量，即地表产流量与降水入渗补给地下水量之和。

（2）地表水资源可利用量：在可预见的时期内，在统筹考虑河道内生态环境和其他用水的基础上，通过经济合理、技术可行的措施，可供河道外生活、生产、生态用水的一次性最大水量（不包括回归水的重复利用）。

（3）地下水资源可利用量：地下水资源可开采量，是指在可预见的时期内，通过经济合理、技术可行的措施，在不致引起生态环境恶化条件下允许从含水层中获取的最大地下水资源量。

（4）水资源开发利用率：水源供水总量占水资源总量的百分比，该指标主要用于反映和评价区域内水资源总量的控制利用情况。

（5）水资源耗水率：用水消耗量占用水量的百分比。

（6）用水消耗量：在输水、用水过程中，通过蒸腾蒸发、土壤吸收、产品吸附、居民和牲畜饮用等多种途径消耗掉，而不能回归到地表水体和地下含水层的水量。

（7）入境水量：从计算分区境外进入境内的总水量，包括引水量和过境水量两部分。

（8）引水量：从计算分区境外通过引水工程调引进境内的供水量。

（9）过境水量：进入计算分区的境外天然径流量（含回归水）。

（10）多年平均：指 1956—2019 年系列。

（11）供水量：各种水源为用水户提供的包括输水损失在内的毛水量，分地表水源、地下水源和其他水源统计。

（12）用水量：各类用水户取用的包括输水损失在内的毛水量，按生活、生产与生态环境 3 大类用户统计，不包括海水直接利用量。

（13）再生水：废水经适当处理后，达到一定的水质指标，满足某种使用要求，可以进行有益使用的水。